Tiraogo Abdoulaye Yves Zango

Evaluation de la qualité des codecs de la parole et de l'audio

Tiraogo Abdoulaye Yves Zango

Evaluation de la qualité des codecs de la parole et de l'audio

Proposition d'un système de signaux de référence pour les codecs en bande élargie

Presses Académiques Francophones

Impressum / Mentions légales
Bibliografische Information der Deutschen Nationalbibliothek: Die Deutsche Nationalbibliothek verzeichnet diese Publikation in der Deutschen Nationalbibliografie; detaillierte bibliografische Daten sind im Internet über http://dnb.d-nb.de abrufbar.
Alle in diesem Buch genannten Marken und Produktnamen unterliegen warenzeichen-, marken- oder patentrechtlichem Schutz bzw. sind Warenzeichen oder eingetragene Warenzeichen der jeweiligen Inhaber. Die Wiedergabe von Marken, Produktnamen, Gebrauchsnamen, Handelsnamen, Warenbezeichnungen u.s.w. in diesem Werk berechtigt auch ohne besondere Kennzeichnung nicht zu der Annahme, dass solche Namen im Sinne der Warenzeichen- und Markenschutzgesetzgebung als frei zu betrachten wären und daher von jedermann benutzt werden dürften.

Information bibliographique publiée par la Deutsche Nationalbibliothek: La Deutsche Nationalbibliothek inscrit cette publication à la Deutsche Nationalbibliografie; des données bibliographiques détaillées sont disponibles sur internet à l'adresse http://dnb.d-nb.de.
Toutes marques et noms de produits mentionnés dans ce livre demeurent sous la protection des marques, des marques déposées et des brevets, et sont des marques ou des marques déposées de leurs détenteurs respectifs. L'utilisation des marques, noms de produits, noms communs, noms commerciaux, descriptions de produits, etc, même sans qu'ils soient mentionnés de façon particulière dans ce livre ne signifie en aucune façon que ces noms peuvent être utilisés sans restriction à l'égard de la législation pour la protection des marques et des marques déposées et pourraient donc être utilisés par quiconque.

Coverbild / Photo de couverture: www.ingimage.com

Verlag / Editeur:
Presses Académiques Francophones
ist ein Imprint der / est une marque déposée de
OmniScriptum GmbH & Co. KG
Heinrich-Böcking-Str. 6-8, 66121 Saarbrücken, Deutschland / Allemagne
Email: info@presses-academiques.com

Herstellung: siehe letzte Seite /
Impression: voir la dernière page
ISBN: 978-3-8416-3033-9

Zugl. / Agréé par: Rennes, Université de Rennes 1, Thèse de Doctorat en Traitement du Signal et Télécommunications, 2013

Copyright / Droit d'auteur © 2015 OmniScriptum GmbH & Co. KG
Alle Rechte vorbehalten. / Tous droits réservés. Saarbrücken 2015

Remerciements

Je tiens tout d'abord à remercier très sincèrement et chaleureusement Catherine QUINQUIS, ingénieur chez Orange Labs et Régine LE BOUQUIN JEANNES, professeur à l'Université de Rennes 1 pour la confiance qu'elles m'ont accordée en me proposant ce sujet de recherche et en encadrant mes travaux. Je les remercie sincèrement pour leur disponibilité, leurs conseils ainsi que pour leur soutien perpétuel.

Je ne saurais trop remercier Nathalie COSTET, ingénieur de recherche au LTSI, pour ses conseils et son aide en analyses statistiques.

Je remercie Yves LAPRIE, directeur de recherche CNRS à Nancy et Laurent GIRIN, professeur à l'INP de Grenoble pour l'intérêt qu'ils ont porté à ces travaux de recherche en acceptant d'en être les rapporteurs.

Je remercie également Jean-Marc BOUCHER, professeur à Télécom Bretagne et Laurent SIMON, professeur à l'Université du Maine pour avoir accepté de participer à mon jury.

Un grand merci à tous les membres de l'équipe HEAT du laboratoire OPERA du groupe France Telecom – Orange Labs de Lannion ainsi qu'à ceux du LTSI pour m'avoir accueilli au cours de ces trois années.

Je remercie mes amis pour leur sympathie et leur soutien moral : Honoré, Arcade, Sibiri, Adrien, Maty, Julie ainsi que tous mes amis compatriotes de Lannion et Rennes.

Finalement, je remercie du fond du cœur mes parents, mon frère et ma sœur qui m'ont toujours encouragé tout au long de ces années de thèse.

Table des matières

REMERCIEMENTS 1
TABLE DES MATIERES 2
LISTE DES ACRONYMES ET ABREVIATIONS 7
INTRODUCTION GENERALE 10
CHAPITRE 1 TECHNIQUES DE CODAGE DE LA PAROLE ET DU SON 12
   1.1. NUMERISATION DU SIGNAL 12
      1.1.1. Échantillonnage 12
         1.1.1.1. Quantification scalaire uniforme 13
         1.1.1.2. Quantification scalaire non uniforme 15
      1.1.2. Quantification non uniforme optimale 16
      1.1.3. Quantification vectorielle 17
   1.2. LE CODAGE DE LA PAROLE 19
      1.2.1. Codage en forme d'onde temporel 19
         1.2.1.1. MICD (MIC Différentiel) ou DPCM (Differential Pulse Code Modulation) 19
         1.2.1.2. MICDA (MIC Différentiel Adaptatif) ou ADPCM (Adaptive DPCM) 21
      1.2.2. Codage en forme d'onde dans le domaine fréquentiel 21
         1.2.2.1. Codage en sous-bandes ou CSB 22
         1.2.2.2. Codage par transformée ou TC (Transform Coding) 22
      1.2.3. Codage paramétrique 23
         1.2.3.1. Codage linéaire prédictif ou LPC (Linear Predictive Coding) 23
         1.2.3.2. Les coefficients LAR 24
         1.2.3.3. Les coefficients LSP 24
      1.2.4. Codage Analyse par Synthèse ou AbS (Analysis by Synthesis) 25
         1.2.4.2. Codage MPE 26
         1.2.4.3. Codage RPE 27
         1.2.4.4. Codage CELP 27
         1.2.4.5. Codage ACELP (Code-Excited Linear Predictor) 29
         1.2.4.6. Codage par excitation mixte 30
   1.3. LE CODAGE AUDIO 30
      1.3.1. Principe du codage perceptif 31
      1.3.2. Encodage 31
         1.3.2.1. Transformation temps/fréquence 31
         1.3.2.2. Modèle psychoacoustique 31
         1.3.2.3. Bandes critiques 32
      1.3.3. Courbe de masquage 32
         1.3.3.1. Masquage fréquentiel 32
         1.3.3.2. Masquage temporel 34
      1.3.4. Quantification 34
         1.3.4.2. Encodage du bitstream 36
         1.3.4.3. Décodeur 37
   1.4. ATTRIBUTS DES CODECS 37
      1.4.1. Largeur de bande et qualité perceptive 37
      1.4.2. Débits 38
      1.4.3. Complexité 38
      1.4.4. Retard 39
      1.4.5. La robustesse aux erreurs du canal de transmission 40
   1.5. LA NORMALISATION 40
      1.5.1. ITU 40
      1.5.2. ETSI 40
      1.5.3. ISO 41

1.6. CONCLUSION ... 41
CHAPITRE 2 ÉVALUATION DE LA QUALITE DE LA PAROLE ET DE L'AUDIO ... 42
  2.1. ÉVALUATION OBJECTIVE ... 42
    2.1.2. Mesures intrusives temporelles ... 42
      2.1.2.1. RSB (Rapport Signal à Bruit) et RSBSEG (RSB Segmental) ... 42
    2.1.3. RSB Segmental fréquentiel ... 43
    2.1.4. Distance spectrale logarithmique ... 43
    2.1.5. Mesures intrusives spectrales basées sur l'analyse ... 44
      2.1.5.1. Distance LR (Likelihood-Ratio) ... 44
      2.1.5.2. Distance IS (Itakura Saïto) ... 44
      2.1.5.3. Distance CEP (CEPstrale) ... 44
      2.1.5.4. Mesure WSS (Weighted Spectral Slope) ... 45
    2.1.6. Mesures basées sur le modèle psychoacoustique ... 46
      2.1.6.1. Processus d'évaluation de la qualité audio par un humain ... 46
      2.1.6.2. Mesure BSD (Bark Spectral Distortion) ... 46
      2.1.6.3. Modèle PSQM (Perceptual Speech-Quality Measure) ... 47
      2.1.6.4. Modèle PESQ (Perceptual evaluation of speech Quality) ... 47
      2.1.6.5. ITU-T P.863 ... 48
    2.1.7. Mesures non intrusives ... 49
    2.1.8. Mesure objective conversationnelle : le Modèle E ... 50
  2.2. ÉVALUATION SUBJECTIVE ... 50
    2.2.1. Métrique unidimensionnelle ... 51
      2.2.1.1. Test ACR (Absolute Category Rating) ... 51
      2.2.1.2. Test DCR (Degradation Category Rating) ... 51
      2.2.1.3. Test CCR (Comparison Category Rating) ... 52
      2.2.1.4. Test ABX ... 52
      2.2.1.5. Test MUSHRA (MUlti Stimulus test with Hidden Reference and Anchor) ... 52
      2.2.1.6. Tests subjectifs dans le contexte conversationnel ... 53
    2.2.2. Métrique multidimensionnelle ... 54
      2.2.2.1. DAM (Diagnostic Acceptability Measure) ... 54
      2.2.2.2. Recommandation P.835 de l'UIT-T ... 54
      2.2.2.3. Évaluation multidimensionnelle de la qualité vocale dans les systèmes de télécommunications ... 55
    2.2.3. Évaluation subjective de l'intelligibilité ... 56
      2.2.3.1. DRT ... 56
      2.2.3.2. MRT ... 57
  2.3. LES SIGNAUX D'ANCRAGE ... 57
    2.3.1. Définition ... 57
    2.3.2. Le signal d'ancrage MNRU (Modulated Noise Reference Unit) ... 58
  2.4. CONCLUSION ... 59
CHAPITRE 3 ANALYSE STATISTIQUE MULTIDIMENSIONNELLE ... 60
  3.1. MDS ... 60
    3.1.1. Définitions ... 60
      3.1.1.1. Les types de données et échelles de mesure ... 60
      3.1.1.2. L'échelle nominale ... 61
      3.1.1.3. L'échelle ordinale ... 61
      3.1.1.4. L'échelle intervalle ... 61
      3.1.1.5. L'échelle rapport ou ratio ... 61
    3.1.2. Les dissimilarités ... 62
      3.1.2.1. Quelques définitions ... 62
      3.1.2.2. Coordonnées de la MDS ... 62
      3.1.2.3. La distance ... 62
    3.1.3. Les modèles de MDS ... 63
      3.1.3.1. MDS métrique ... 63

3.1.3.2. MDS non métrique	63
3.1.4. MDS multiple	64
3.1.5. ALSCAL	64
3.1.5.1. Configuration initiale	64
3.1.5.2. Calcul des distances	65
3.1.5.3. Calcul des disparités	65
3.1.5.4. Fonction erreur ou Stress	66
3.1.5.5. Test des conditions d'arrêt de l'algorithme	66
3.1.5.6. Estimation des poids	66
3.1.5.7. Estimation des coordonnées	67
3.1.6. PROXSCAL	68
3.1.6.1. Préliminaire	68
3.1.6.2. Phase d'initialisation	68
3.1.6.3. Calcul du stress	68
3.1.6.4. Calcul et mise à jour des coordonnées	68
3.1.6.5. Étude du cas non restreint	69
3.1.6.6. Étude du cas restreint	72
3.1.6.7. Mise à jour de l'espace de projection commun Z	73
3.1.6.8. Mise à jour des matrices de pondération A_k	75
3.1.6.9. Transformation des matrices de dissimilarités	75
3.2. ANALYSE FACTORIELLE MULTIPLE	76
3.2.1. Analyse Factorielle	76
3.2.1.1. Représentation X, M et D	76
3.2.1.2. Projection d'un nuage sur un axe	77
3.2.1.3. Recherche des axes maximisant l'inertie	77
3.2.1.4. Calcul des facteurs et de leur inertie	78
3.2.2. Analyse en Composantes Principales	79
3.2.3. Les fondements de l'AFM	79
3.2.3.1. Notations	79
3.2.3.2. AFM dans l'espace des individus R^K	80
3.2.3.3. Représentation superposée des nuages partiels des individus	80
3.2.3.4. AFM dans l'espace des variables R^I	80
3.2.3.5. Facteurs communs des groupes de variables et analyse multicanonique	81
3.2.3.6. AFM dans l'espace R^{I^2}	82
3.2.3.7. Les éléments supplémentaires	82
3.2.4. Interprétation géométrique du modèle INDSCAL	83
3.2.4.1. Interprétation géométrique du modèle INDSCAL dans R^V	83
3.2.4.2. Interprétation géométrique du modèle INDSCAL dans R^I	83
3.2.4.3. Interprétation du modèle INDSCAL dans R^{I^2}	83
3.2.5. L'AFM des Tableaux de Distances et matrices de dissimilarités	84
3.2.6. Intérêts de l'AFM	84
3.3. CLASSIFICATION	85
3.3.1. Classification hiérarchique	85
3.3.1.1. Définition 1 : partition d'un ensemble	85
3.3.1.2. Définition 2 : hiérarchie totale de parties d'un ensemble	85
3.3.1.3. Définition 3 : hiérarchie totale de partie indicée	85
3.3.1.4. Définition 4 : distances ultramétriques	86
3.3.2. CAH (Classification Ascendante Hiérarchique)	86
3.3.2.1. Critère du saut minimal (« liaison simple ») et maximal (« liaison complète »)	86
3.3.2.2. Critère de la distance des centroïdes	86
3.3.2.3. Critère de la distance moyenne (« liaison moyenne »)	87
3.3.2.4. Critère d'agrégation basé sur l'inertie : critère de Ward	87
3.3.3. CDH (Classification Descendante Hiérarchique)	87
3.3.4. Classification Par Partitionnement	87

3.3.4.1. L'algorithme basique du k-means (HMEANS) 87
3.3.4.2. L'algorithme du k-means amélioré 88
3.4. CONCLUSION 88

CHAPITRE 4 IDENTIFICATION DES DIMENSIONS DE L'ESPACE PERCEPTIF DES CODECS DE LA PAROLE ET DU SON 90

4.1. CODECS SELECTIONNES 90
    4.1.2. Groupe des codeurs par forme d'onde 91
    4.1.3. Groupe des codeurs par transformée 91
        4.1.3.1. Codec G.722.1 92
        4.1.3.2. Codec MP3 93
        4.1.3.3. Codec High Efficiency Advanced Audio Coding (HE-AAC) 94
    4.1.4. Groupe des codeurs CELP 95
    4.1.5. Groupe de codeurs hybrides 95
4.2. RAPPELS SUR LES TESTS DE DISSIMILARITES DE L'ESPACE PERCEPTIF INITIAL 97
    4.2.1. Construction des stimuli 97
    4.2.2. Procédure du test de dissimilarité 98
4.3. ANALYSE MDS PONDEREE 99
    4.3.1. Détermination du nombre de dimensions 99
    4.3.2. Description des dimensions de l'espace perceptif pour le locuteur homme 102
    4.3.3. Projection des individus – locuteur homme 102
    4.3.4. Description des dimensions de l'espace perceptif pour le locuteur femme 103
    4.3.5. Projection des individus – locuteur femme 104
    4.3.6. Corrélation entre les espaces des locuteurs homme et femme 105
4.4. ANALYSE AFM METRIQUE 105
    4.4.1. Nombre de dimensions 105
    4.4.2. Description des dimensions de l'espace perceptif pour le locuteur homme 106
    4.4.3. Description des dimensions de l'espace perceptif pour le locuteur femme 107
    4.4.4. Corrélation entre les espaces des locuteurs homme et femme 107
4.5. ANALYSE AFM NON METRIQUE 108
4.6. CORRELATIONS ENTRE LES ESPACES AFM ET INDSCAL 109
    4.6.1. Corrélation entre INDSCAL et AFM métrique 109
    4.6.2. Corrélation entre INDSCAL et AFM non métrique 109
4.7. CAH 110
    4.7.1. CAH appliquée à l'espace INDSCAL 110
    4.7.2. CAH appliquée à l'espace AFM métrique 111
    4.7.3. CAH appliquée à l'espace AFM non métrique 113
4.8. CLASSIFICATION PAR LA METHODE DES K-MEANS 113
4.9. CONCLUSION 115

CHAPITRE 5 MODELISATION ET VALIDATION DES TROIS PREMIERES DIMENSIONS 116

5.1. CARACTERISATION DE LA DIMENSION 1 116
    5.1.1. Indicateurs de la dimension 1 116
        5.1.1.1. Densité spectrale de puissance 116
        5.1.1.2. Centroïde spectral 117
        5.1.1.3. DSL (Distance spectrale logarithmique) 118
        5.1.1.4. Distances IS, LLR et WSS 118
    5.1.2. Signaux d'ancrage de la dimension 1 119
5.2. DIMENSION 2 : « BRUIT DE FOND » 120
    5.2.1. Indicateurs de la dimension 2 120
    5.2.2. Signaux d'ancrage de la dimension 2 120
5.3. VALIDATION DES DIMENSIONS 1 ET 2 121
    5.3.1. Signaux d'ancrage de la dimension 1 utilisés lors du test de validation 121
    5.3.2. Signaux d'ancrage de la dimension 2 utilisés lors du test de validation 121
    5.3.3. Test de dissimilarité et de verbalisation 121

5.3.4.	Analyse INDSCAL des résultats du test de dissimilarité	122
5.3.4.1.	Courbe du stress brut normalisé	122
5.3.4.2.	Dimensions de l'espace de validation	124
5.3.4.3.	CAH appliquée aux coordonnées fournies par PROXSCAL	124
5.4.	ANALYSE AFM DES RESULTATS DE TESTS DE LA VALIDATION DES DIMENSIONS 1 ET 2	125
5.4.1.	Prétraitements	125
5.4.2.	Liste des attributs	126
5.4.3.	Analyse simultanée de la verbalisation et des matrices de dissimilarités	126
5.4.4.	Détermination du nombre de dimensions	127
5.4.5.	Description des dimensions	128
5.4.5.1.	Dimension 1	128
5.4.5.2.	Dimension 2	130
5.4.5.3.	Dimension 3	130
5.4.5.4.	Dimension 4	131
5.5.	ÉTUDE DE LA DIMENSION 3 : « ÉCHO/REVERBERATION »	131
5.5.1.	Description de l'artefact « Écho »	132
5.5.2.	Signaux d'ancrage de la dimension 3	133
5.5.2.1.	La transformation MDCT	133
5.5.2.2.	Algorithme générant les signaux d'ancrage de la dimension 3	134
5.6.	VALIDATION DE LA DIMENSION 3	136
5.6.2.	Déroulement du test	136
5.6.3.	Analyses INDSCAL	136
5.6.3.1.	Détermination du nombre de dimensions	136
5.6.3.2.	Dimensions de l'espace de validation	138
5.6.4.	Analyse AFM	140
5.6.5.	Verbalisation	141
5.6.5.2.	Collecte des données	141
5.7.	CONCLUSION	143

CHAPITRE 6 PROPOSITIONS DE SIGNAUX D'ANCRAGE DE LA DIMENSION 4 144

6.1.	DIMENSION 4 : « DISTORSION DE LA PAROLE »	144
6.1.2.	Méthode de bruitage des coefficients LSP	145
6.1.3.	Méthode de suppresseurs de bruit	146
6.1.3.1.	Technique de réduction de bruit par soustraction spectrale	146
6.1.3.2.	Indice de distorsion de parole	147
6.1.3.3.	Proposition de conception du signal d'ancrage	147
6.2.	CONCLUSION	148

CONCLUSION GENERALE ET PERSPECTIVES 150

LISTE DES PUBLICATIONS 152

BIBLIOGRAPHIE 154

Liste des acronymes et abréviations

3GPP	3rd Generation Partnership Project
AAC	Advanced Audio Coding
AbS	Analysis by Synthesis
ACELP	Algebraic Code-Excited Linear Prediction
ACP	Analyse en Composantes Principales
ADPCM	Adaptive Differential Pulse Code Modulation
AFM	Analyse Factorielle Multiple
AFTD	Analyse Factorielle de Tableaux de Distances
ALSCAL	Alternating Least-Squares SCALing
AMR	Adaptive Multi-Rate
AMR-WB	Adaptive Multi-Rate WideBand
ATC	Adaptive Transform Coding
BSD	Bark Spectral Distortion
CAH	Classification Ascendante Hiérarchique
CDRT	Chinese Diagnostic Rhyme Test
CELP	Coded-Excited Linear Prediction
CELT	Constrained Energy Lapped Transform
CMOS	Comparison MOS
CSB	Codage en Sous Bande
DAM	Diagnostic Acceptability Measure
dB	deciBel
DCR	Degradation Category Rating
DCT	Discrete Cosine Transform
DFT	Discrete Fourier Transform
DMCT	Diagnostic Medial Consonant Test
DMOS	Degradation MOS
DPCM	Differential Pulse Code Modulation
DRT	Diagnostic Rhyme Test
DSL	Densité Spectrale Logarithmique
DSP	Densité Spectrale de Puissance
DSP	Digital Signal Processor
DST	Discrete Slant Transform
ETSI	European Telecommunications Standards Institute
EDGE	Enhanced Data for GSM Evolution
EVS	Enhanced Voice Services
FB	Full-Band
FEC	Frame Error Correction
GMM	Gaussian Mixture Model
GPRS	General Packet Radio Service
GSM	Global System for Mobile communications

GSM - EFR	GSM - Enhanced Full Rate
GSM - FR	GSM - Full Rate
HE-AAC	High Efficiency Advanced Audio Coding
HVXC	Harmonic Vector Excitation
Hz	Hertz
IDIOSCAL	Individual Differences In Orientation SCALing
INDSCAL	INdividual Difference SCALing
IP	Internet Protocol
IS	Itakura Saïto
ITU	International Telecommunication Union
kbit/s	kilo-bits par seconde
kHz	kilo Hertz
KLT	Karhunen-Loéve Transform
LAR	Log Area Ratio
LSF	Line Spectral Frequencies
LSP	Line Spectral Pairs
LTE	Long Term Evolution
Mbit/s	Mega-bits par seconde
MDCT	Modified Discrete Cosine Transform
MDS	MultiDimensional Scaling
MFCC	Mel Frequency Cesptral Coefficients
MIC	Modulation par Impulsions Codées
MICD	MIC différentiel
MICDA	Modulation par Impulsions Codées Adaptative
MIPS	Million d'Instructions Par Seconde
MLT	Modulated Lapped Transform
MRT	Modified Rhyme Test
MOS	Mean Opinion Score
MOS-LQO	MOS Listening Quality Objective
MP3	MPEG Layer 3
MPE	Multi-Pulse Excitation
MPEG	Moving Picture Experts Group
MUSHRA	MUltiple Stimuli with Hidden Reference and Anchor
NB	NarrowBand
NMR	Noise to Mask Ratio
OBQ	Output-Based Quality
PAQM	Perceptual Audio Quality Measure
PARCOR	PARtial CORrelation
PCM	Pulse Code Modulation
PCO	Principal Coordinate Analysis
PESQ	Perceptual Evaluation of Speech Quality
PLC	Packet Loss Cancealment
PLP	Perceptual Linear Predictive
PROXSCAL	PROXimity SCALing
PS	Parametric Stereo
PSQM	Perceptual Speech-Quality Measure
RPE	Regular Pulse Excitation

SBC	Subband Coding	
SBR	Spectral Band Replication	
SDFT	Sliding Discrete Fourier Transform	
SFM	Spectral Flatness Measure	
SMACOF	Scaling by Majorizing a Complicated Function	
SMR	Signal to Mask Ratio	
SWB	Super WideBand	
SMS	Short Message Service	
SPL	Sound Pressure Level	
STFT	Short Term Fourier Transform	
SWB	Super WideBand	
TDAC	Time Domain Aliasing Cancellation	
TDBWE	Time-Domain Bandwidth Extension	
TSVQ	Tree Structured Vector Quantization	
UIT	Union Internationale des Télécommunications	
UMTS	Universal Mobile Telecommunication System	
VAD	Voice Activity Detection	
VoIP	Voice over IP	
WB	WideBand	
WHT	Walsh-Hadamard Transform	
WMOPS	Weighted Millions of Operations Per Second	
WSS	Weighted Spectral Slope	

Introduction générale

L'évolution des performances des systèmes de télécommunications a favorisé l'extension de la bande des signaux transmis ou stockés. Ainsi ceux-ci supportent actuellement des signaux à bandes bien plus larges que celle des signaux à bande étroite ([300 Hz – 3400 Hz]). Si cette extension de bande se traduit par une meilleure perception de la qualité sonore des utilisateurs, les opérateurs doivent aujourd'hui évaluer et contrôler en permanence la qualité audio de leurs services afin de rester compétitifs, cette évaluation nécessitant la mise en œuvre de tests subjectifs à grande échelle. Cependant, pour assurer une fiabilité des résultats de ces évaluations l'utilisation de signaux de référence s'impose. Actuellement, le système de référence employé pour les tests de signaux de qualité téléphonique est le MNRU (Modulated Noise Reference Unit), conçu pour modéliser les défauts introduits par les premiers codecs en forme d'onde. Depuis quelques années, l'essor des techniques de codage s'est traduit par de nouveaux codeurs audio qui génèrent d'autres défauts, de caractéristiques diverses et variées, et la conception d'un nouvel appareil prenant en compte ces défauts s'avère désormais indispensable.

Le MNRU repose en effet sur le fait que la qualité des codecs de la parole et du son est un objet unidimensionnel dépendant uniquement du rapport signal à bruit du bruit relatif au bruit de quantification. En se basant sur une nature multidimensionnelle de l'espace perceptif de la qualité des codecs de la parole et du son, les premiers travaux réalisés au sein du laboratoire TECH/SSTP de France Télécom (Etame 2008) ont mis en exergue un espace perceptif à quatre dimensions. De cet espace perceptif, des études visant à établir une corrélation entre les défauts et les caractéristiques des codeurs ont conduit à une première conception de signaux d'ancrage, non encore aboutie puisque seules deux dimensions ont pu être identifiées.

Nos travaux de recherche ont été menés sur des codecs dont les largeurs de bandes étaient limitées à la bande élargie ([50 Hz – 7000 Hz]) et implémentant diverses techniques de codage contemporaines. Dans le premier chapitre, nous ferons un état de l'art des techniques de codage de la parole et de l'audio afin de pouvoir décrire techniquement les codecs constituant la base de données de notre étude.

La thèse s'inscrivant dans le contexte de la qualité de service, le second chapitre sera consacré à la description des différentes méthodes d'évaluation, tant d'un point de vue subjectif qu'objectif, ainsi qu'à la présentation des avantages et des inconvénients des différentes méthodes. Pour évaluer la qualité des codecs, nous procéderons à des tests de dissimilarité dans lesquels les sujets sont amenés à comparer les échantillons par paires. Les matrices de dissimilarités obtenues suite à ces tests seront utilisées pour projeter les codecs dans un espace, appelé espace perceptif de projection dont les dimensions représentent les défauts perceptifs des codecs.

Nous convenons que cet espace perceptif dispose d'une multitude de dimensions. Cependant, nous ne souhaitons retenir que les plus prépondérantes, autrement dit celles les plus aisément perçues par l'oreille humaine. Pour ce faire, nous aurons recours à des techniques de réduction de dimensionnalité.

Afin de confirmer ou d'infirmer les premiers résultats obtenus quant à la réduction du nombre de dimensions de l'espace de projection, nous envisagerons deux types d'analyse. La première relèvera d'une analyse INDSCAL et sera basée sur l'algorithme PROXSCAL. Celle-ci étant itérative et pouvant connaître des problèmes d'optima locaux, une seconde approche, connue sous le nom d'AFM et basée sur une double ACP, fera l'objet d'un second développement. Le chapitre 3 sera ainsi consacré à l'étude théorique de ces différentes techniques de réduction de dimensionnalité.

Dans un quatrième chapitre, nous présenterons, les résultats d'une étude comparative menée sur les deux techniques précédentes. A l'issue de l'analyse effectuée via ces techniques de réduction de dimensionnalité, nous avons obtenu un espace perceptif dans lequel sont projetés les codecs. Les dimensions de cet espace perceptif représentent les défauts de techniques de codage implémentés par les codecs de la base de données. Ainsi, dans ce chapitre, nous chercherons à caractériser les différentes dimensions de l'espace perceptif.

Nous poursuivrons dans le chapitre 5 par une présentation des mesures objectives caractérisant les différentes dimensions ainsi que par une proposition de techniques pour générer les signaux d'ancrage des 3 premières dimensions. Une phase de validation permettra d'attester leur pertinence.

Pour terminer, dans le chapitre 6, nous proposerons la conception de signaux d'ancrage relatifs à la quatrième dimension avant de conclure et de donner des perspectives à ce travail.

Chapitre 1

Techniques de codage de la parole et du son

L'idée de reproduire la parole humaine débuta au $13^{\text{ème}}$ siècle par la création de systèmes mécaniques simulant l'appareil vocal humain. Plus tard, en 1769, l'Allemand Christian Gottlieb Kratzenstein conçut des cavités résonnantes, qui, lorsqu'elles sont excitées par un roseau vibrant, reproduisent le son des cinq voyelles. La réelle genèse du traitement de la parole fut le fruit des travaux du Hongrois Johan Wolfgang Von Kempelen, qui conçut le premier synthétiseur de parole. Ses travaux furent par la suite améliorés par le physicien anglais Charles Wheatstone.

En 1876, Alexandre Graham Bell inventa le téléphone. Il s'agissait du premier appareil à pouvoir transmettre la parole humaine. Puis, Homer Dudley, dans les années 1930, lança les bases du traitement de la parole moderne faisant un rapprochement entre la transmission d'un signal de parole et celle d'un signal électromagnétique. Il conçut plus tard avec l'aide de Riesz et Watkins le premier système de compression de la voix : le « Vocoder » (Dudley 1939). Ce dernier ne fut cependant pas commercialisé en raison d'une qualité de reproduction de parole médiocre. Plus tard, Dudley conçut le spectrographe audio qui a permis l'étude des caractéristiques de la parole humaine ainsi que son mécanisme de production.

Bien que la montée en puissance des technologies modernes ait offert de nouveaux services non vocaux tels que les courriels, les SMS (Short Message Service), force est de constater que les systèmes audio et vocaux continuent d'occuper une grande place dans les multimédias et moyens de communication contemporains. Des lecteurs de musique aux téléphones en passant par les téléviseurs, le quotidien des humains est imprégné par l'audio. De plus, l'explosion d'internet a elle aussi contribué à l'expansion de la communication audio au travers de la téléphonie sur IP (Internet Protocol).

Le signal de la parole est intrinsèquement analogique, et, aux premières heures des télécommunications, la voix était transmise directement sous cette forme. Depuis lors, les prouesses de la technologie ont permis de la numériser. Ainsi, ce chapitre débutera par un rappel sur l'échantillonnage et la quantification, processus de base permettant de réaliser cette numérisation. Le besoin d'économie de la mémoire de stockage et celle de l'énergie fait qu'une simple numérisation de la parole n'est guère suffisante. Il faut donc d'une part utiliser des techniques de compression et de traitement du signal sophistiquées pour économiser suffisamment d'énergie et de mémoire. Toutefois, le choix de ces techniques se fait au prix de certains compromis afin de pouvoir maintenir un minimum de qualité de reproduction de la parole et de l'audio tout en minimisant la complexité et le débit des codecs. Au cours de ce chapitre, nous ferons un état de l'art des différentes techniques de codage de la parole et de l'audio. Puis, nous présenterons leurs différents attributs tels que le débit et la largeur de bande qui sont des éléments impactant la qualité perceptive. Finalement, nous conclurons ce chapitre en présentant les différents organismes de normalisation des codecs.

1.1. Numérisation du signal

1.1.1. Échantillonnage

Soit $s(t)$ le signal analogique. Échantillonner $s(t)$ consiste à ne prélever ses valeurs qu'aux seuls instants d'échantillonnage $t_n = nT_e$, multiples de la période d'échantillonnage T_e. Si l'on note $s_e(n)$ le signal échantillonné, nous avons $s_e(n) = s(nT_e)$. Le signal échantillonné est le résultat du produit entre le signal analogique et le peigne de Dirac :

$$s_e(t) = s(t) \sum_{k=-\infty}^{\infty} \delta(t - kT_e). \quad (1.1)$$

Si B est la largeur de bande du signal, d'après le théorème de Nyquist, il faut $F_e \geq 2B$ pour éviter le repliement spectral.

1.1.1.1. Quantification scalaire uniforme

La quantification uniforme de pas q est l'application Q qui associe aux valeurs du signal échantillonné une des valeurs d'un ensemble fini de valeurs :

$$\forall s_e(n) \in \left[(k-1/2)q, (k+1/2)q\right[\to s_q(n) = kq. \quad (1.2)$$

Le pas de quantification correspond en effet à la différence entre deux niveaux de quantification consécutifs (Figure 1.1).

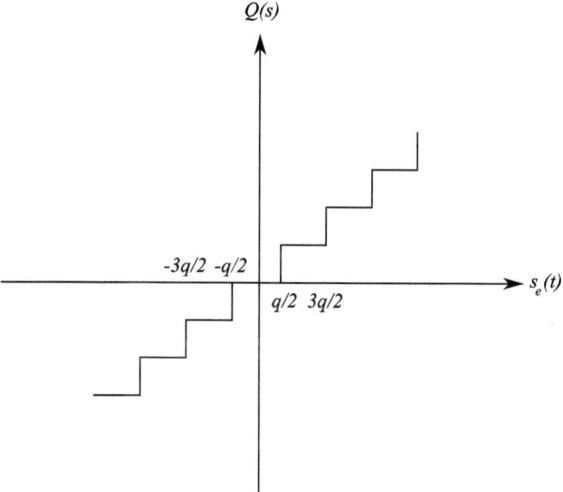

Figure 1.1 Pas de quantification uniforme

La quantification uniforme peut être vue comme l'ajout au signal échantillonné d'un bruit appelé bruit de quantification (Figure 1.2) :

$$s_q(n) = s_e(n) + \varepsilon_q(n). \quad (1.3)$$

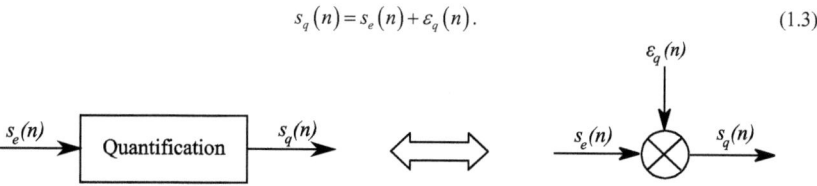

Figure 1.2 Bruit de quantification uniforme

En supposant que l'erreur de quantification suive une loi uniforme sur l'intervalle $[-q/2, q/2]$, il s'ensuit que sa moyenne vaut :

$$\mu_{\varepsilon_q} = \int_{-q/2}^{q/2} p_{\varepsilon_q}(\varepsilon_q) \varepsilon_q d\varepsilon_q$$

$$\mu_{\varepsilon_q} = \frac{1}{q} \int_{-q/2}^{q/2} \varepsilon_q d\gamma = 0. \quad (1.4)$$

Sa variance s'écrit :

$$\sigma_{\varepsilon_q}^2 = \int_{-q/2}^{q/2} p_{\varepsilon_q}(\varepsilon_q) \varepsilon_q^2 d\varepsilon_q = \int_{-q/2}^{q/2} \frac{1}{q} \varepsilon_q^2 d\gamma$$

$$\sigma_{\varepsilon_q}^2 = \frac{1}{q} \left[\frac{\varepsilon_q^3}{3} \right]_{-q/2}^{q/2} = \frac{q^2}{12}. \quad (1.5)$$

Son autocorrélation est donnée par :

$$r_{\varepsilon_q \varepsilon_q}(k) = E\left[\varepsilon_q(k+n)\varepsilon_q(n)\right]$$

$$r_{\varepsilon_q \varepsilon_q}(k) = \frac{q^2}{12} \delta(k). \quad (1.6)$$

L'intercorrélation entre le bruit de quantification et le signal est :

$$r_{\varepsilon_q s}(k) = E\left[s_q(k+n)\varepsilon_q(n)\right]$$

$$r_{\varepsilon_q s}(k) = 0. \quad (1.7)$$

La quantification sur n bits signifie que l'on code le signal en utilisant 2^n niveaux de quantification distincts. Si le signal analogique varie dans l'intervalle $[-S_m, S_m]$, le pas de quantification uniforme est défini comme suit :

$$q = 2S_m / 2^n. \quad (1.8)$$

La puissance d'un signal n'étant rien d'autre que sa variance, la puissance du bruit de quantification vaut d'après l'équation (1.5) et l'expression de q (1.8) :

$$P_B = S_m^2 2^{-n} / 3. \quad (1.9)$$

Si l'on désigne par $P_s = \sigma_s^2$ la puissance du signal échantillonné, le RSB (Rapport Signal à Bruit) en dB vaut :

$$RSB = 10 \log\left(\frac{P_s}{P_B}\right). \quad (1.10)$$

$$RSB = 10 \log 3 - 10 \log\left(\frac{S_m^2}{\sigma_s^2}\right) + 10 \log 2^{2n}.$$

$$RSB \approx 4,77 + 6,02n - \Gamma \quad \text{où} \quad \Gamma = 20 \log\left(\frac{S_m}{\sigma_s}\right). \quad (1.11)$$

D'après l'équation du RSB ci-dessus, on remarque que l'ajout d'un bit de quantification permet d'améliorer le RSB de 6 dB environ. On remarque également que le RSB augmente lorsque Γ décroît autrement dit lorsque la puissance du signal σ_s^2 augmente. Cependant, l'augmentation de la puissance du signal se confronte au problème d'écrêtage du signal. L'écrêtage est en effet le phénomène qui survient lorsque l'amplitude du signal dépasse la valeur maximale S_m. Dès que le signal est écrêté, apparaît de la distorsion harmonique. L'équation (1.11) du RSB ne prend pas en considération l'éventuel phénomène d'écrêtage du signal. Si l'on note P_D la puissance du bruit de distorsion induit par l'écrêtage, le RSB réel est :

$$RSB = 10\log\left(\frac{P_s}{P_B + P_D}\right). \quad (1.12)$$

1.1.1.2. Quantification scalaire non uniforme

On se rend compte que le RSB de la quantification uniforme dépend de la puissance du signal. Afin de s'affranchir de cette contrainte, on peut utiliser une loi de quantification à pas non plus constant, mais inversement proportionnel à la densité de probabilité du signal. Pour ce faire, on emploie généralement deux techniques.

La première consiste à utiliser au niveau de l'émetteur une compression suivie d'un quantificateur uniforme et au niveau du récepteur une expansion ou décompression réalisée par l'opération inverse de la fonction de compression utilisée à l'émission. Cette technique est illustrée sur la Figure 1.3.

La seconde technique, quant à elle, est basée sur l'algorithme de Lloyd-Max. À partir d'un nombre de bits de quantification donné et de la densité de probabilité du signal, cet algorithme cherche de manière itérative les pas et niveaux de quantification optimaux permettant l'obtention du minimum de distorsion possible. Cette technique sera décrite dans la section 1.1.2.

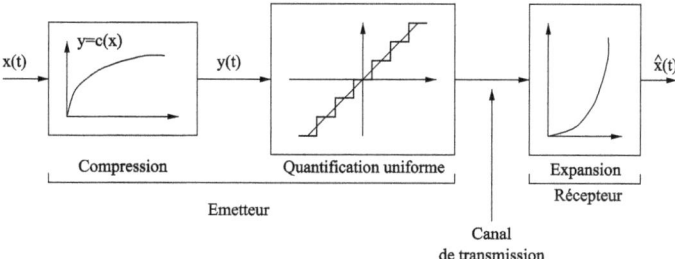

Figure 1.3 Quantification non uniforme par compression et expansion (Hanzo, Somerville et al. 2007)

On distingue deux types de compression : celle basée sur la loi A utilisée en Europe et celle reposant sur la loi μ utilisée en Amérique du Nord et au Japon. Ces deux techniques ont été implémentées dans la Recommandation G.711 de l'UIT (ITU-T 1988). Pour toute valeur normalisée x à compresser, la fonction de compression de la loi A est définie par :

$$\Phi(x) = \mathrm{sgn}(x)\begin{cases} \dfrac{A|x|}{1+\ln(A)} & \text{si } |x| < \dfrac{1}{A} \\ \dfrac{1+\ln(A|x|)}{1+\ln(A)} & \text{si } \dfrac{1}{A} \le |x| < 1 \end{cases}. \quad (1.13)$$

La valeur A est un paramètre de compression qui vaut généralement 87,7 en Europe. La fonction $\mathrm{sgn}(x)$ correspond à la fonction « signe ». La fonction d'expansion correspondante est :

$$\Phi^{-1}(y) = \mathrm{sgn}(y)\begin{cases} \dfrac{|y|(1+\ln(A))}{A} & \text{si } |y| < \dfrac{1}{1+\ln(A)} \\ \dfrac{\exp(|y|(1+\ln(A))-1)}{A} & \text{si } \dfrac{1}{1+\ln(A)} \le |x| < 1 \end{cases}. \quad (1.14)$$

Concernant la loi μ, les fonctions de compression et d'expansion sont définies comme suit :

$$\begin{cases} \Psi(x) = \text{sgn}(x)\dfrac{\ln(1+\mu|x|)}{\ln(1+\mu)} & \text{si } -1 \le x \le 1 \\ \Psi^{-1}(y) = \text{sgn}(y)\dfrac{1}{\mu}\left((1+\mu)^{|y|}-1\right) & \text{si } -1 \le y \le 1 \end{cases} \quad (1.15)$$

Dans le système américain μ est égal à 255.

1.1.2. Quantification non uniforme optimale

Soit un quantificateur non linéaire symétrique dont la densité de probabilité du signal $p(x)$ est symétrique. En notant σ_q^2 la variance de l'erreur de quantification, on a :

$$\sigma_q^2 = \int_{-\infty}^{+\infty}(x-x_q)^2 p(x)dx$$

$$\sigma_q^2 = 2\int_0^{+\infty}(x-x_q)^2 p(x)dx.$$

Notons V la valeur d'écrêtage du signal x, la variance de l'erreur de quantification est finalement :

$$\sigma_q^2 = 2\int_0^V (x-x_q)^2 p(x)dx. \quad (1.16)$$

La variance du bruit dû à la distorsion de l'écrêtage est :

$$\sigma_{nl}^2 = 2\int_V^{+\infty}(x-x_q)^2 p(x)dx. \quad (1.17)$$

Finalement la puissance totale de la distorsion due à la quantification est :

$$\sigma_D^2 = \underbrace{2\int_0^V (x-x_q)^2 p(x)dx}_{\sigma_q^2 \text{ Zone linéaire}} + \underbrace{2\int_V^{+\infty}(x-x_q)^2 p(x)dx}_{\sigma_{nl}^2 \text{ Zone non-linéaire}}. \quad (1.18)$$

Étant donné qu'il s'agit d'une quantification non linéaire, les pas de quantification varient et donc l'équation (1.16) devient :

$$\sigma_q^2 = 2\int_0^V (x-x_q)^2 p(x)dx$$

$$\sigma_q^2 = \sum_{n=1}^N \int_{t_n}^{t_{n+1}}(x-r_n)^2 p(x)dx. \quad (1.19)$$

où N est le nombre de niveaux de quantification et r_n est la valeur de x_q sur l'intervalle $[t_n, t_{n+1}]$. Lloyd et Max ont proposé une méthode permettant de trouver les instants de quantification optimaux ainsi que les niveaux de quantification correspondants (Max 1960; Lloyd 1982). Le niveau de quantification optimal x_q^{opt} est obtenu lorsque :

$$\frac{\partial \sigma_q^2}{\partial r_k} = 0 \Leftrightarrow \frac{\partial \sum_{n=1}^N \int_{t_n}^{t_{n+1}}(x-r_n)^2 p(x)dx}{\partial r_k} = 0$$

$$\frac{\partial \sum_{n=1}^N \int_{t_n}^{t_{n+1}}(x-r_n)^2 p(x)dx}{\partial r_k} = \underbrace{\frac{\partial \sum_{\substack{n=1 \\ n \ne k}}^N \int_{t_n}^{t_{n+1}}(x-r_n)^2 p(x)dx}{\partial r_k}}_{= 0 \text{ car ne dépend pas de } r_k} + \frac{\partial \int_{t_k}^{t_{k+1}}(x-r_k)^2 p(x)dx}{\partial r_k}.$$

Par conséquent :

$$\frac{\partial \sigma_q^2}{\partial r_k} = 0 \Leftrightarrow \frac{\partial \int_{t_n}^{t_{n+1}} (x-r_n)^2 p(x)dx}{\partial r_k} = 0$$

$$\Leftrightarrow 2\int_{t_n}^{t_{n+1}} (x-r_k)p(x)dx = 0$$

$$\Leftrightarrow \int_{t_n}^{t_{n+1}} xp(x)dx = r_k \int_{t_n}^{t_{n+1}} p(x)dx.$$

Finalement :

$$r_k^{opt} = \frac{\int_{t_n^{opt}}^{t_{n+1}^{opt}} xp(x)dx}{\int_{t_n^{opt}}^{t_{n+1}^{opt}} p(x)dx}, \quad k=1, 2, \cdots, N. \tag{1.20}$$

D'après l'équation (1.20), il ressort que la valeur optimale du niveau de quantification x_q^{opt} dans l'intervalle $[t_k, t_{k+1}]$ est le barycentre des valeurs du signal sur l'intervalle de quantification $[t_n, t_{n+1}]$. Déterminons à présent l'instant de décision optimal t_k^{opt}. On procède de la même manière que pour le niveau de quantification :

$$\frac{\partial \sigma_q^2}{\partial t_k} = 0 \Leftrightarrow \frac{\partial \left(\sum_{n=1}^{N} \int_{t_n}^{t_{n+1}} (x-r_n)^2 p(x)dx \right)}{\partial t_k} = 0$$

$$\frac{\partial \sum_{n=1}^{N} \int_{t_n}^{t_{n+1}} (x-r_n)^2 p(x)dx}{\partial t_k} = \underbrace{\frac{\partial \sum_{n=1}^{k-2} \int_{t_n}^{t_{n+1}} (x-r_n)^2 p(x)dx}{\partial t_k} + \frac{\partial \sum_{n=k+1}^{N} \int_{t_n}^{t_{n+1}} (x-r_n)^2 p(x)dx}{\partial t_k}}_{=0 \text{ car ne dépendent pas de } t_k}$$

$$+ \frac{\partial}{\partial t_k} \left(\int_{t_{k-1}}^{t_k} (x-r_{k-1})^2 p(x)dx + \int_{t_k}^{t_{k+1}} (x-r_k)^2 p(x)dx \right)$$

Les deux premiers termes de l'équation précédente ne dépendant pas de t_k, on a donc :

$$\frac{\partial \sigma_q^2}{\partial t_k} = 0 \Leftrightarrow \frac{\partial}{\partial t_k} \left(\int_{t_{k-1}}^{t_k} (x-r_{k-1})^2 p(x)dx + \int_{t_k}^{t_{k+1}} (x-r_k)^2 p(x)dx \right) = 0$$

$$\Leftrightarrow (t_k - r_{k-1})^2 p(x) - (t_k - r_k)^2 p(x) = 0$$

$$\Leftrightarrow (t_k - r_{k-1})^2 - (t_k - r_k)^2 = 0$$

$$\Leftrightarrow (r_k - r_{k-1})(2t_k - r_k - r_{k-1}) = 0.$$

On obtient finalement :

$$t_k^{opt} = \frac{r_k + r_{k-1}}{2}. \tag{1.21}$$

Les algorithmes de Lloyd-Max permettent de calculer itérativement les expressions en (1.20) et (1.21). En pratique la densité de probabilité du signal n'est pas connue et une phase d'apprentissage des caractéristiques du signal précédant le déroulement de l'algorithme s'impose.

1.1.3. Quantification vectorielle

La quantification vectorielle (Makhoul, Roucos et al. 1985) consiste à coder un ensemble d'échantillons (ou vecteur d'échantillons) par un ensemble fini de vecteurs de même taille.

Soit $Q(\cdot)$ une fonction de quantification vectorielle définie de $\mathbb{R}^N$ vers $\wp$ un ensemble fini de L éléments N-dimensionnels. L'ensemble $\wp = \{\hat{x}_k\}_{1 \le k \le L}$ est appelé dictionnaire ou codebook en anglais. Le cardinal L de $\wp$ définit le nombre de niveaux de quantification.

$$Q : \mathbb{R}^N \to \wp$$
$$x \to \hat{x}_k$$

Pour tout vecteur d'échantillons $x_i = (x_i(1), x_i(2), \cdots, x_i(N))^T$ donné, on associe l'élément ou code $\hat{x}_k = (\hat{x}_k(1), \hat{x}_k(2), \cdots, \hat{x}_k(N))^T$ de $\wp$ le plus proche du vecteur x au sens d'une distance arbitraire. Pour construire le dictionnaire, on partitionne l'espace N-dimensionnel en L cellules C_n (cf. Figure 1.4). Puis on associe à chaque cellule C_k un vecteur code $\hat{x}_k$.

La quantification vectorielle consiste à assigner à chaque vecteur d'entrée x_i, $Q(x_i) = \hat{x}_k$ si et seulement si x_i appartient à C_k.

Soit x un vecteur du signal quantifié en un vecteur y, on peut définir $d(x, y)$ une mesure de distorsion entre ces deux vecteurs. Si x est stationnaire (variance et moyenne demeurent inchangées malgré un décalage de l'origine du signal) et ergodique (égalité entre moyennes temporelle et moyenne au sens des probabilités), il est montré dans (Makhoul, Roucos et al. 1985) que la distorsion moyenne $D = E[d(x, y)]$ vaut :

$$D = \sum_{i=1}^{L} P(x \in C_i) E[d(x, y_i) | x \in C_i]$$
$$D = \sum_{i=1}^{L} P(x \in C_i) \int_{x \in C_i} d(x, y_i) p(x) dx \quad (1.22)$$

où $P(x \in C_i)$ est la probabilité que x soit dans la cellule C_i et $p(x)$ est la densité de probabilité du vecteur x. Les mesures de distorsion les plus utilisées sont :
- l'erreur quadratique moyenne :

$$d(x, y) = \frac{1}{N}(x-y)^T(x-y) \quad (1.23)$$

- l'erreur quadratique pondérée :

$$d(x, y) = (x-y)^T W(x-y) \quad (1.24)$$

où la matrice W est la matrice des poids, qui est généralement l'inverse de la matrice de covariance de x, la mesure est alors connue sous le nom de distance de Mahalanobis.

Un quantificateur est optimal si la mesure de distorsion donnée par l'équation (1.22) est minimale. Makhoul pose dans (Makhoul, Roucos et al. 1985) deux conditions nécessaires pour qu'un quantificateur soit optimal :
- $\forall 1 \le i, j \le L$ et $i \ne j$, $Q(x) = y_i \Leftrightarrow d(x, y_i) \le d(x, y_j)$ avec y_i et y_j des vecteurs codes.
- Pour tout vecteur code y_i choisi alors la distorsion moyenne dans la cellule C_i : $D_i = \int_{x \in C_i} d(x, y_i) p(x) dx$ doit être minimale. Le vecteur codes y_i est alors nommés centroïde de la cellule C_i.

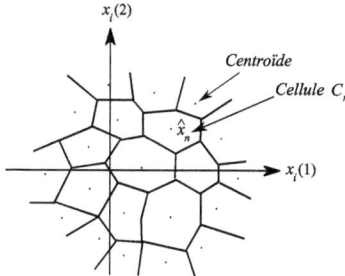

Figure 1.4 Partitionnement d'un espace à 2 dimensions dans une quantification vectorielle

1.2. Le Codage de la parole

À partir des années 1960, la communication analogique, jusque-là utilisée en transmission de la parole, fut relayée par les communications numériques basées sur la technique de codage MIC (Modulation par Impulsions Codées) ou PCM (Pulse Code Modulation) (Black and Edson 1947) introduite en 1938 par Alec H. Reeves. Le codage PCM, en numérisant la parole, la rend moins sensible au bruit du canal de transmission. Cependant, il nécessite une largeur de bande plus grande que celle du signal analogique lui-même. Ainsi, nombre de recherches ont été menées afin de compresser la parole à transmettre. Les challenges à relever sont de pouvoir conserver une bonne qualité de la parole transmise et de diminuer au maximum le débit binaire. Les techniques de codage peuvent être répertoriées selon 3 grandes familles :
- le codage en forme d'onde,
- le codage paramétrique,
- le codage hybride.

Comme son nom l'indique, la technique de codage en forme d'onde a pour objectif essentiel la reproduction de la forme d'onde du signal original. La nature de la source d'information à coder est totalement transparente pour les codeurs intégrant ce type de technique. Par conséquent, le codage en forme d'onde est adapté à diverses sources d'informations (en plus de la parole) telles que la musique, les données…On peut subdiviser cette catégorie de technique de codage en deux groupes :
- les codeurs en forme d'onde du domaine temporel,
- les codeurs en forme d'onde du domaine fréquentiel.

1.2.1. Codage en forme d'onde temporel

Le codeur en forme d'onde temporel opère dans le domaine temporel. Le plus simple des codecs en forme d'onde temporels est le codeur utilisant le codage MIC. Il réalise simplement une numérisation du signal c'est-à-dire les opérations d'échantillonnage et de quantification.

1.2.1.1. MICD (MIC Différentiel) ou DPCM (Differential Pulse Code Modulation)

L'un des challenges du codage de la parole est de pouvoir transférer de la parole avec le moins de débit possible. Pour ce faire, on peut exploiter la corrélation existant entre les échantillons consécutifs du signal de parole. On transmet donc la différence entre deux échantillons consécutifs permettant ainsi le codage de l'information sur un minimum de bits.

Soit $s(n)$ le signal à transmettre. L'émetteur calcule la différence $e(n) = s(n) - s(n-1)$, qui sera ensuite quantifiée puis transmise au décodeur. La transmission de la différence entre deux échantillons consécutifs est une prédiction d'ordre 1.

Plus généralement, on peut estimer $s(n)$ par $\tilde{s}(n) = \sum_{k=1}^{p} a_k s(n-k)$. On parle alors de prédiction linéaire d'ordre p. Les coefficients a_k sont appelés coefficients de prédiction du filtre de prédiction dont la fonction de transfert est $A(z) = \sum_{k=1}^{p} a_k z^{n-k}$. La Figure 1.5 illustre le fonctionnement du codage MICD. Sur cette figure, on voit que l'erreur de prédiction en entrée du codeur vaut :

$$e(n) = s(n) - \tilde{s}(n).$$

L'erreur de prédiction est ensuite quantifiée en $e_q(n)$ (avec un débit faible car sa variance est beaucoup plus faible que celle du signal) puis tramise au décodeur. L'erreur de prédiction quantifiée est également ajoutée à un signal prédit $\tilde{s}(n)$ pour reconstuire le signal $s'(n)$. Lorsqu'il n'y a aucune erreur de transmission (canal de transmission parfait), alors le signal reconstruit :

$$s'(n) = \hat{s}(n),$$

où $\hat{s}(n)$ est le signal donné par le décodeur.

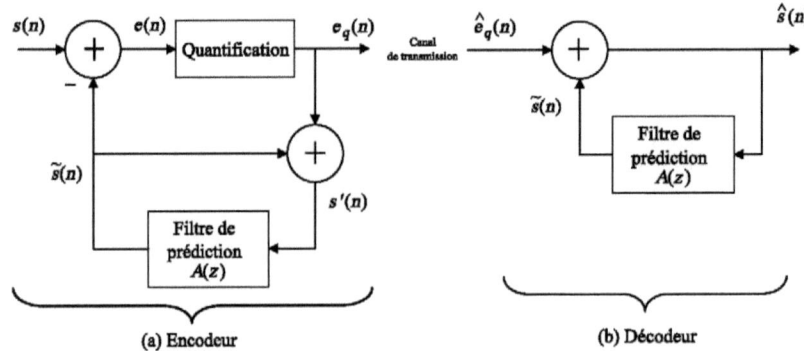

Figure 1.5 Schéma d'un MICD

La problématique du codage MICD est de trouver le filtre prédicteur optimal en minimisant l'erreur quadratique moyenne définie par l'équation (1.25) :

$$E\left[e^2(n)\right] = E\left[\left[s(n) - \sum_{k=1}^{p} a_k s(n-k)\right]^2\right]. \tag{1.25}$$

La dérivée partielle de l'expression ci-dessus par rapport à a_i (où $1 \leq i \leq p$) conduit à :

$$\frac{\partial E\left[e^2(n)\right]}{\partial a_i} = -2E\left[s(n-i)\left(s(n) - \sum_{k=1}^{p} a_k s(n-k)\right)\right].$$

Le filtre optimal est obtenu pour :

$$\frac{\partial E\left[e^2(n)\right]}{\partial a_i} = 0 \Leftrightarrow -2E\left[s(n-i)\left(s(n) - \sum_{k=1}^{p} a_k s(n-k)\right)\right] = 0$$

$$\Rightarrow E\left[s(n-i)s(n)\right] = E\left[\sum_{k=1}^{p} a_k s(n-i)s(n-k)\right] = \sum_{k=1}^{p} a_k E\left[s(n-i)s(n-k)\right] \quad \forall i \in \{1, 2, \cdots, p\}.$$

Finalement, en posant $C(i,j) = E\left[s(n-i)s(n-j)\right]$ la covariance du signal aux instants i et j, on obtient :

$$C(i,0) = \sum_{k=1}^{p} a_k C(i,k) \quad \forall i \in \{1,2,\cdots,p\}. \tag{1.26}$$

Le signal de parole n'étant pas stationnaire, le calcul des coefficients a_k est effectué sur des trames de parole d'environ 20 ms, en supposant sa stationnarité sur cet intervalle. Soit $R(i)$ la fonction d'autocorrélation du signal, nous pouvons écrire $C(i,j) = R(i-j)$, et l'équation (1.26) devient :

$$R(i) = \sum_{k=1}^{p} a_k R(|i-k|) \quad \forall i \in \{1,2,\cdots,p\}. \tag{1.27}$$

L'équation (1.27) équivaut à :

$$\begin{pmatrix} R(0) & R(1) & R(2) & \cdots & R(p-1) \\ R(1) & R(0) & R(1) & \cdots & R(p-2) \\ R(2) & R(1) & R(0) & \cdots & R(p-3) \\ \vdots & \vdots & \vdots & \ddots & \vdots \\ R(p-1) & R(p-2) & R(p-3) & \cdots & R(0) \end{pmatrix} \cdot \begin{pmatrix} a_1 \\ a_2 \\ a_3 \\ \vdots \\ a_p \end{pmatrix} = \begin{pmatrix} R(1) \\ R(2) \\ R(3) \\ \vdots \\ R(p) \end{pmatrix}. \tag{1.28}$$

L'équation (1.28) peut être résolue par simple inversion de la matrice d'autocorrélation. Cependant, la complexité d'une telle solution est de l'ordre de p^3, ce qui explique le recours, en pratique, à des algorithmes récursifs de moins grande complexité. Les plus connus sont les algorithmes de Berlekamp – Massey (Youzhi 1991) et de Levinson-Durbin (Rabiner and Schafer 1978).

1.2.1.2. MICDA (MIC Différentiel Adaptatif) ou ADPCM (Adaptive DPCM)

Le codage MICD peut être amélioré en le rendant adaptatif. Le processus adaptatif peut être réalisé selon deux méthodes pouvant être simultanément utilisées : la quantification adaptative et la prédiction adaptative. On distingue deux types de quantification adaptative : la quantification adaptative progressive qui adapte le pas de quantification en fonction du signal à coder et la quantification adaptative rétrograde basée sur le signal déjà quantifié.

La quantification adaptative progressive est plus précise, puisque basée sur le signal original. Cependant, elle requiert la transmission d'informations du quantificateur au décodeur. La quantification adaptative rétrograde est exempte de ce problème de transmission d'informations, mais est moins précise. Cela s'explique par le fait que le signal utilisé pour l'adaptation est déjà entaché par le bruit de quantification.

La prédiction adaptative met à jour les paramètres du prédicteur de manière périodique afin de minimiser la variance du signal à coder. De la même manière que dans le cas de la quantification adaptative, on peut réaliser une prédiction adaptative progressive ou rétrograde.

Le codage MICDA implémenté dans le codeur G.726 (IUT-T 1990) est utilisé dans la téléphonie fixe sans fil (DECT ou Digital Enhanced Cordless Telephone). Comme autre exemple implémentant la technique MICDA, nous pouvons citer le codeur G.722 (ITU-T 1988) très utilisé en téléphonie sur IP.

1.2.2. Codage en forme d'onde dans le domaine fréquentiel

Dans la section précédente, nous avons étudié les codeurs en forme d'onde temporels les plus répandus. Les codeurs en forme d'onde fréquentiels, quant à eux, divisent le spectre du signal en plusieurs sous-bandes fréquentielles. On distingue deux principaux codeurs en forme d'onde fréquentiels :
- le codage en sous-bande ou CSB (SubBand Coding ou SBC),
- le codage par transformée adaptatif (Adaptive Transform Coding ou ATC).

1.2.2.1. Codage en sous-bandes ou CSB

Cette technique de codage consiste à diviser le spectre initial du signal à coder en plusieurs sous-bandes à l'aide d'un banc de filtres. Si l'on note B la largeur de bande spectrale du signal à coder et B_k la largeur de la $k^{\grave{e}me}$ sous-bande, on a $\sum_{k=0}^{M-1} B_k = B$ où M est le nombre total de sous-bandes. La subdivision du spectre peut être soit uniforme, soit non uniforme afin de simuler le banc de filtres critiques de la perception auditive humaine, ceci devant permettre (du point de vue perceptif) d'allouer plus ou moins de bits à une bande spectrale selon son importance d'un point de vue auditif.

Après subdivision du signal, chaque sous-bande est sous-échantillonnée à une fréquence $f_k \geq 2B_k$ pour respecter le théorème de Nyquist. Les sous-bandes spectrales sont ensuite encodées de façon indépendante (par un codeur MICDA par exemple) puis multiplexées pour être finalement transmises au récepteur. À la réception, les signaux sont démultiplexés puis décodés et sur-échantillonnés séparément. Le signal en sortie est obtenu par un banc de filtres de synthèse. Le codeur CSB s'appuie sur les caractéristiques du signal et/ou sur des critères perceptifs. En effet, on allouera, par exemple, dans le cas d'un signal de parole, plus de bits aux sous-bandes de faibles fréquences afin de préserver les fréquences et formants critiques du signal.

Comme exemple de codeur SBC, on peut citer le codeur G.722 de l'ITU. Il s'agit d'un codeur à bande élargie ([50 Hz – 7000 Hz]) utilisé lors des téléconférences via les réseaux RNIS (Réseau Numérique à Intégration de Services), et également dans la VoIP. Ce codeur faisant partie des codecs étudiés dans le cadre de cette thèse, il sera présenté plus en détail dans le chapitre 4. Sur la Figure 1.6 est présenté le principe du codage CSB.

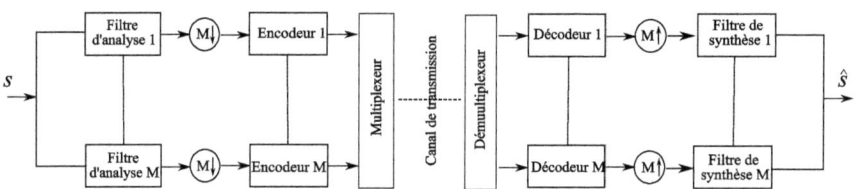

Figure 1.6 Le codage en sous-bandes

1.2.2.2. Codage par transformée ou TC (Transform Coding)

Le principe du codage par transformée s'appuie sur la redondance du signal dans son espace généré par une transformation. La transformation employée est unitaire. En effet, la réduction du débit dans le codage par transformée se base sur l'idée attestant que les transformations unitaires génèrent des coefficients quasi-décorrélés.

Considérons s_k la $k^{\grave{e}me}$ trame du signal. Soit T la matrice d'une transformation est unitaire, c'est-à-dire $T^{-1} = T^H$ (^{H} est l'opérateur hermitien). Les coefficients de la transformation sont obtenus via l'équation (1.29) :

$$C_k = T \cdot s_k. \qquad (1.29)$$

Ceux-ci sont ensuite quantifiés en coefficients $\hat{C}_k$ puis transmis au récepteur au sein duquel les échantillons des trames sont reconstruits via l'équation de synthèse suivante (voir Figure 1.7) :

$$\hat{s}_k = T^{-1}\hat{C}_k. \qquad (1.30)$$

Comme on peut le constater, la reconstruction à la réception ne peut être parfaite en raison du bruit introduit par la quantification.

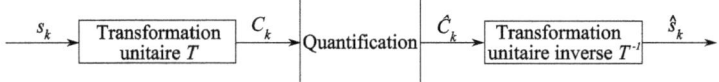

Figure 1.7 Le codage adaptatif de la transformée

La nature de la transformation joue également sur la qualité de la reconstruction. En effet, la transformation unitaire n'assure pas a priori une décorrélation parfaite des coefficients. Il existe plusieurs transformations discrètes parmi lesquelles on peut citer la transformation en cosinus discrète ou DCT (Discrete Cosine Transform) (Ahmed, Natarajan *et al.* 1974), la Transformée de Fourier Discrète ou DFT (Discrete Fourier Transform), la transformation WHT (Walsh-Hadamard Transform) (Ahmed 1972), la transformation KLT (Karhunen-Loéve Transform) (Jain 1989) et la DST (Discrete Slant Transform). On notera que la transformation KLT est la plus optimale en ce sens qu'elle permet d'obtenir le meilleur gain de décorrélation des coefficients (Campanella and Robinson 1971). Les vecteurs de base de la transformation KLT correspondent aux vecteurs propres de la matrice d'autocorrélation du signal, ce qui implique que cette transformation dépend du signal. De par sa complexité, cette transformation est difficile à implémenter. La Figure 1.8 présente l'évolution du gain G_{TC} obtenu après application de différentes transformations. L'évolution est étudiée par rapport à N, la longueur des blocs utilisée dans chaque transformation. Sur cette figure on constate que les transformations DFT, DST et WHT sont sous-optimales. Une analyse de la Figure 1.8 permet de constater que, bien que la DCT soit légèrement sous-optimale, son gain est seulement d'au plus 1 dB de moins que celui de la KLT. Par conséquent, la DCT est généralement utilisée dans la pratique en raison de sa très faible complexité relativement à celle de la KLT.

Le codage par transformée peut être associé à la quantification adaptative. Il s'agit dans ce cas d'un codage ATC. Les coefficients de la transformée sont dans ce cas encodés en utilisant une quantification adaptative (Zelinski and Noll 1977).

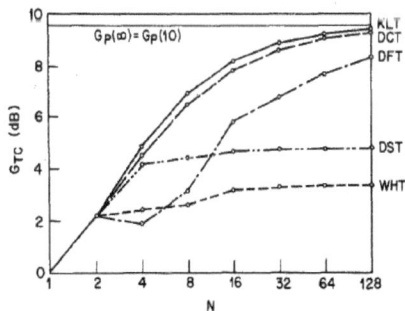

Figure 1.8 Comparaison du gain d'un PCM après différentes transformations unitaires
(Zelinski and Noll 1977)

1.2.3. Codage paramétrique

1.2.3.1. Codage linéaire prédictif ou LPC (Linear Predictive Coding)

Autrement appelés vocodeurs, les codeurs paramétriques modélisent le principe de production de la parole humaine. Le plus basique des codeurs paramétriques est le codeur linéaire prédictif ou LPC.

Il s'agit d'un codeur bas débit basé sur le modèle de la production de la parole présenté par Fant (Fant 1960). Selon ce modèle, le signal de parole $s(n)$ peut être modélisé comme suit :

$$s(n) = \sum_{k=1}^{P} a_k s(n-k) + Gu(n) \tag{1.31}$$

où G est le gain du filtre LPC et $u(n)$ un signal d'excitation. Celui-ci diffère suivant le type de signaux, sons voisés ou non voisés. Un son est en effet dit voisé lorsque sa production nécessite la vibration des cordes vocales, dans le cas contraire, il est qualifié de non voisé. La Figure 1.9 montre le principe de fonctionnement du vocodeur LPC le plus simple.

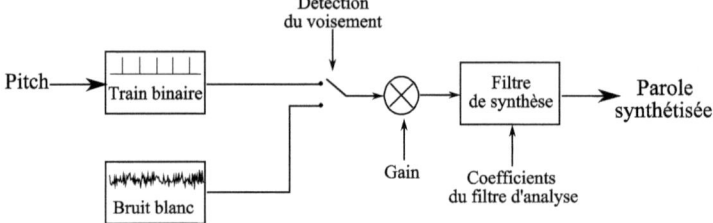

Figure 1.9 Le principe du codage linéaire prédictif

Un des principaux challenges de l'analyse LPC est la quantification des coefficients LPC. En effet, ces coefficients étant très sensibles, la stabilité du filtre de synthèse n'est pas garantie après quantification. Pour qu'un filtre soit stable, ses pôles doivent être à l'intérieur du cercle unité. Or, la quantification peut déplacer les pôles hors du cercle unité et donc rendre le filtre de synthèse instable. Par conséquent, les coefficients LPC sont généralement convertis en d'autres coefficients plus robustes tels que les coefficients LAR (Log Area Ratio), LSP (Line Spectral Pairs) ou LSF (Line Spectral Frequencies).

1.2.3.2. Les coefficients LAR

Nous avons vu que, pour la détermination des coefficients LPC d'ordre P, on peut utiliser l'algorithme de Levinson-Durbin. Dans cet algorithme, des coefficients appelés coefficients de réflexion ou coefficients PARCOR (PARtial CORrelation) sont calculés. Ces coefficients de réflexion sont liés aux coefficients LPC via des équations récursives. Ces coefficients PARCOR sont en effet moins sensibles aux bruits par rapport aux coefficients LPC. Soit k_m le $m^{ème}$ coefficient PARCOR, les coefficients LAR sont obtenus via l'équation suivante :

$$\text{LAR}(m) = \log\left(\frac{1+k_m}{1-k_m}\right), \ 1 \leq m \leq P. \tag{1.32}$$

Les coefficients LPC également représentés via des coefficients LSP, qui sont plus efficaces que les coefficients LAR.

1.2.3.3. Les coefficients LSP

Soit $A(z)$ le filtre de l'analyse LPC d'ordre P défini par :

$$A(z) = 1 + \sum_{m=1}^{P} a_m z^{-m} \tag{1.33}$$

où les a_m représentent les coefficients LPC. Soient $P(z)$ et $Q(z)$ deux polynômes tels que :

$$\begin{aligned} P(z) &= A(z) + z^{-(P+1)}A(z) \\ P(z) &= 1 + \sum_{k=1}^{P}\left(a_p + a_{P+1-k}\right)z^{-k} + z^{(P+1)} \end{aligned} \tag{1.34}$$

$$Q(z) = A(z) - z^{-(P+1)}A(z)$$
$$Q(z) = 1 + \sum_{k=1}^{P}(a_p - a_{P+1-k})z^{-k} - z^{-(P+1)}. \quad (1.35)$$

Le polynôme du filtre de synthèse $A(z)$ peut s'écrire à l'aide de ces deux polynômes :

$$A(z) = \frac{1}{2}(P(z) + Q(z)). \quad (1.36)$$

On peut vérifier que $P(z)$ et $Q(z)$ sont respectivement symétrique et antisymétrique. De plus, leurs zéros sont sur le cercle unité et entrelacés. Ces deux propriétés sont utiles pour la recherche des zéros des deux polynômes. Les zéros de $P(z)$ et $Q(z)$ étant sur le cercle unité, ils sont de la forme $e^{j\omega}$ où ω représente un coefficient LSF. Une troisième propriété est que $A(z)$ reste à phase minimale[1], après quantification des zéros de $P(z)$ et $Q(z)$.

Le codeur LPC souffre de quelques problèmes. En effet, la détection du voisement d'un son s'avère très souvent complexe surtout dans les trames de transition qui correspondent au passage d'une trame voisée à une trame non voisée ou vice versa.

1.2.4. Codage Analyse par Synthèse ou AbS (Analysis by Synthesis)

Le codage LPC utilise comme signal d'excitation soit un train d'impulsions soit du bruit blanc suivant la nature voisée ou non du signal de parole. Afin de pallier ce souci de classification qui s'avère complexe, une technique consistant à optimiser le choix de la séquence d'excitation est réalisée via une boucle fermée (Figure. 1.10). L'optimisation réalisée dans cette boucle vise à minimiser l'erreur de prédiction afin de sélectionner les meilleurs paramètres (séquence d'excitations optimale) pour alimenter le filtre de synthèse du décodeur. Ce type de codage est appelé codage Analyse par Synthèse, car le signal est synthétisé au niveau de l'encodeur pour permettre le calcul de l'erreur de reproduction dont la minimisation guidera le choix des paramètres à encoder et à transmettre au récepteur.

Soit $s(n)$ le signal original, le signal synthétisé $\tilde{s}(n)$ est obtenu en excitant les filtres de synthèse long et court-terme par un signal d'excitation $u(n)$. En effet, le

filtre court-terme permet de modéliser l'enveloppe spectrale du signal, tandis que le filtre long-terme permet de modéliser sa fréquence fondamentale. L'erreur de reconstruction $e(n)$, résultant de la différence entre le signal original $s(n)$ et son estimation $\tilde{s}(n)$ est pondérée par un filtre perceptif pour donner $e_w(n)$. La boucle fermée du système AbS vise à minimiser $e_w(n)$ afin qu'elle soit la plus imperceptible possible pour l'oreille humaine. Cette opération est réalisée pour toutes les séquences d'excitations du générateur d'excitations jusqu'à l'obtention de l'erreur la plus petite possible. La séquence d'excitations correspondante est ensuite transmise au décodeur.

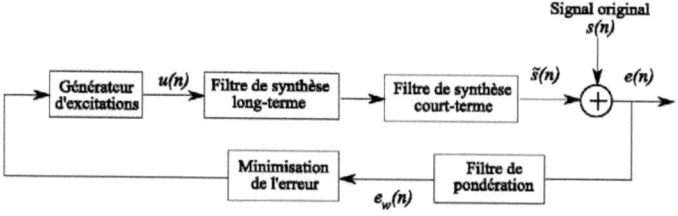

---

[1] Une fonction de transfert est dite à phase minimale si elle et son inverse sont stables et causaux.

(a)

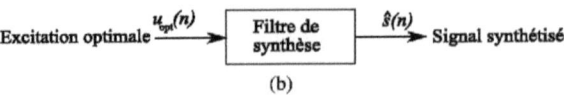

(b)

Figure 1.10 Principe du codage AbS, (a) l'encodeur et (b) le décodeur

L'erreur pondérée par un filtre de pondération perceptive $w(n)$ est donnée par l'expression (1.37) :

$$e(n) = (s(n) - \tilde{s}(n)) * w(n). \tag{1.37}$$

Si l'on note respectivement $h(n)$ et $h_L(n)$ les filtres de synthèse court-terme et long-terme, le signal synthétisé s'écrit

$$\tilde{s}(n) = s(n) * h(n) * h_L(n). \tag{1.38}$$

Soit $H(z)$ la fonction de transfert du filtre de synthèse défini par

$$H(z) = \frac{1}{A(z)} = \frac{1}{1 - \sum_{k=1}^{K} a_k z^{-k}}. \tag{1.39}$$

Ce filtre a pour objectif l'estimation de la forme d'onde du signal, tandis que le filtre long-terme permet d'extraire le pitch ou fréquence fondamentale du signal. La fonction de transfert du filtre de pondération perceptif est définie par l'équation (1.40) :

$$W(z) = \frac{A(z)}{A(z/\gamma)} \tag{1.40}$$

où γ est une constante de l'intervalle $]0,1[$ qui permet d'atténuer l'énergie de l'erreur dans les régions des formants.

Les modèles d'excitation généralement implémentés dans les codeurs sont : le MPE (Multi-Pulse Excitation) (Atal and Remde 1982), le RPE (Regular Pulse Excitation) (Kroon, Deprettere *et al.* 1986) et le CELP (Coded-Excited Linear Prediction) (Schroeder and Atal 1985).

Aux premières heures du codage de la parole, l'attention était plutôt portée sur la baisse de débit pour les signaux en bande téléphonique. En effet, cela était dû aux équipements de transmission qui avaient des bandes passantes assez limitées. En revanche, avec les techniques de transmission comme la fibre optique, les stratégies sont différentes.

1.2.4.2. Codage MPE

L'algorithme du codage MPE est réalisé trame par trame. Pour une trame du signal, le vecteur d'excitation $u(n)$ est un train d'impulsions à intervalles non réguliers et à amplitudes variables. Il peut s'écrire selon l'équation

$$u(n) = \sum_{k=0}^{K-1} b_k \delta(n - m_k). \tag{1.41}$$

Les variables m_k et b_k correspondent respectivement aux positions et aux amplitudes des impulsions. Le but du codage MPE est de trouver les indices et amplitudes minimisant l'erreur perceptive. Les meilleurs paramètres (indices et amplitudes) obtenus à l'issue de la boucle fermée sont ensuite transmis au décodeur. Il est théoriquement possible de trouver des paramètres optimaux assurant une excellente qualité. Toutefois, la complexité du calcul contraint à ne retenir en pratique qu'une solution sous-optimale n'assurant plus une telle qualité.

Pour une trame donnée, les paramètres des impulsions sont initialement tous nuls sauf pour une impulsion. La détermination de l'indice de cette impulsion se fait en testant tous les indices disponibles jusqu'à trouver celle qui minimise l'erreur perceptive, puis l'amplitude correspondante est calculée. L'indice de la seconde impulsion est ensuite déterminé en testant les indices restants (en excluant l'indice de la première impulsion). Ainsi de suite, les paramètres des autres impulsions sont déterminés de la même manière.

La qualité du signal synthétisé dépend du nombre d'impulsions non nulles utilisées, bien que celles-ci dépendent évidemment du débit de codage souhaité. Généralement, pour assurer une bonne qualité, on utilise quatre impulsions pour 5 millisecondes de signal.

1.2.4.3. Codage RPE

Le codage RPE a été implémenté dans le premier codec utilisé dans le GSM (Global System for Mobile communications) appelé GSM – FR (GSM – Full Rate). Tout comme le codage MPE, il est également basé sur la technique d'impulsions multiples. Contrairement au MPE, le RPE utilise des impulsions non nulles espacées de manière uniforme. Ainsi, on peut envoyer au décodeur moins d'information sur les indices des impulsions, car il suffit de connaître l'indice de la première impulsion (qui est mise à jour toutes les 5 millisecondes). Cela permet, pour un débit identique à celui du MPE, d'utiliser plus d'impulsions non nulles. En pratique, le nombre d'espaces entre les indices varie entre 4 et 5. Le RPE permet donc d'obtenir une qualité légèrement supérieure à celle du MPE pour un débit donné.

1.2.4.4. Codage CELP

Le MPE et le RPE conduisent à des qualités tout à fait correctes pour des débits moyens. Cependant, dès que le débit diminue, la qualité se dégrade sérieusement. Le codage CELP, inventé par Atal et Schroeder dans les années 1980, permet d'améliorer la qualité proposée par les codeurs MPE et RPE pour de faibles débits, les débits des codeurs CELP s'étalant entre 5 et 12 kbit/s. Pour ce faire, comme on peut le constater sur la Figure 1.11 (a), le codeur CELP utilise deux dictionnaires d'excitations : un adaptatif et l'autre fixe. Soit $u(n)$ le signal d'excitations global, il s'écrit :

$$u(n) = \beta c_k(n) + g c_\alpha(n) \quad (1.42)$$

où g et β sont les gains respectifs des dictionnaires adaptatif et fixe correspondant aux vecteurs d'excitations c_α et c_k respectivement. Le dictionnaire adaptatif sert à modéliser la périodicité du signal (signal voisé) tandis que le dictionnaire fixe ou stochastique modélise les segments non voisés du signal. Il faut toutefois préciser que dans le codage CELP d'origine, la modélisation du pitch est réalisée via un filtre de synthèse long terme.

Le modèle que nous présentons dans cette section est celui implémenté dans le FS1016 CELP (Federal Standard 1016 CELP) (Campbell, Tremain *et al.* 1991).

Dans le FS1016 CELP, le signal en entrée est rééchantillonné à 8 kHz puis divisé en trames de 30 ms qui sont elles-mêmes subdivisées en 4 sous-trames. Le codage CELP est un codage AbS où l'analyse LPC est faite sur les 4 sous-trames. L'erreur de prédiction issue de cette analyse alimente ensuite le filtre LTP (long-terme) afin d'extraire le pitch du signal. L'analyse LTP est réalisée sur les sous-trames, car les coefficients du filtre LTP doivent être mis à jour plus fréquemment en raison de la nature très dynamique du pitch. La recherche de l'odre filtredu LTP correspond à la recherche de l'indice du vecteur d'excitations du dictionnaire adapatatif. En effet le signal d'excitation adaptatif $c_\alpha(n)$ correspond au signal d'excitation global retardé :

$$c_\alpha(n) = u(n-i).$$

La variable α est l'indice du vecteur d'excitations du dictionnaire adaptatif et k est l'indice du vecteur d'excitations du dictionnaire fixe.

Soient $h_w(n)$ la réponse impulsionnelle du filtre de pondération du signal synthétisé et $h_p(n)$ celle du filtre de pondération perceptuelle. Leurs transformée en Z sont respectivement $1/A(z/\gamma)$ et $A(z)/A(z/\gamma)$. Si on note $\hat{s}_0(n)$ la valeur initiale du signal synthétisé alors le signal synthétisé pondéré $\hat{s}_w(n)$ s'écrit :

$$\hat{s}_w(n) = h_w(n) * u(n) + \hat{s}_0(n)$$
$$\hat{s}_w(n) = \beta c_k(n) * h_w(n) + g c_\alpha(n) * h_w(n) + \hat{s}_0(n) \quad (1.43)$$

Soit $s_w(n)$ le signal original et $s_w(n)$ le signal après l'avoir pondéré par le filtre perceptuel. On a :

$$s_w(n) = s(n) * h_p(n).$$

L'erreur pondérée est égale à :

$$e_w(n) = s_w(n) - \hat{s}_w(n)$$
$$e_w(n) = s_w(n) - g c_\alpha(n) * h_w(n) - \hat{s}_0(n) - \beta c_k(n) * h_w(n).$$

Posons :

$$x(n) = s_w(n) - g c_\alpha(n) * h_w(n) - \hat{s}_0(n). \quad (1.44)$$

Ainsi l'erreur pondérée peut être réecrite comme suit :

$$e_w(n) = x(n) - \beta c_k(n) * h_w(n) \quad (1.45)$$

Si N désigne le nombre total d'échantillons, l'erreur quadratique moyenne pondérée vaut :

$$E_w = \frac{1}{N} \sum_{n=0}^{N-1} \left[x(n) - \beta c_k(n) * h_w(n) \right]^2 \quad (1.46)$$

Le gain optimal β minimisant l'erreur quadratique moyenne pondérée est obtenu en résolvant l'équation $\nabla_\beta E_w = 0$:

$$\frac{\partial E_w}{\partial \beta} = 0 \Leftrightarrow \beta = \frac{\sum_{n=0}^{N-1} x(n) \left(c_k(n) * h_w(n) \right)^2}{\sum_{n=0}^{N-1} \left[c_k(n) * h_w(n) \right]^2}.$$

Posons : $A_k = \sum_{n=0}^{N-1} x(n) \left(c_k(n) * h_w(n) \right)^2$ et $B_k = \sum_{n=0}^{N-1} \left[c_k(n) * h_w(n) \right]^2$.

Finalement, pour chaque vecteur d'excitation, le gain optimal est calculé selon l'équation suivante :

$$\beta = \frac{A_k}{B_k}. \quad (1.47)$$

Il est ensuite quantifié en β_q, et l'erreur quadratique moyenne E_w est recalculée :

$$E_w = \frac{1}{N} \sum_{n=0}^{N-1} \left[x(n) - \beta_q c_k(n) * h_w(n) \right]^2$$
$$E_w = \frac{1}{N} \sum_{n=0}^{N-1} \left[x^2(n) - 2\beta_q A_k + \beta_q^2 B_k \right] \quad (1.48)$$
$$E_w = \frac{1}{N} \sum_{n=0}^{N-1} \left[x^2(n) - \Xi_k \right]$$

où $\Xi_k = 2\beta_q (A_k + \beta_q B_k)$. Les indices finalement retenus sont ceux maximisant la variable Ξ_k. De la même manière on détermine les paramètres optimaux du dictionnaire adaptatif. Les indices et le gain optimaux sont finalement transmis au décodeur.

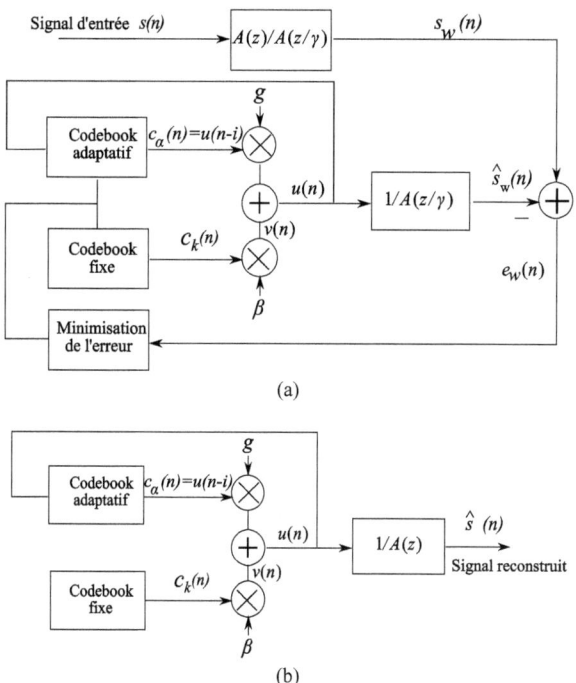

Figure 1.11 Principe du codage CELP, (a) Encodeur CELP et (b) Décodeur CELP

1.2.4.5. Codage ACELP (Code-Excited Linear Predictor)

Le codage ACELP fut inventé afin de réduire la complexité du codage CELP. Des multiples propositions faites, l'idée qui parut la plus adéquate fut celle du choix optimal de la structure du dictionnaire fixe (structure algébrique).

Par exemple, dans le cas du codec G.729 (ITU-T 1996c; ITU-T 2006), les vecteurs d'excitation comprennent 40 échantillons correspondant à la taille des sous-trames. Seuls 4 échantillons sont non nuls et valent ±1 et sont à des positions bien particulières (voir Tableau 1.1). La structure du dictionnaire fixe du codeur G.729 est obtenue en utilisant la technique du « Interleaved Single-Pulse Permutation » ou ISPP.

N° d'impulsions p_i	Amplitudes s_i	Positions possibles m_i	
p_0	s_0 : ±1	m_0 :	0, 5, 10, 15, 20, 25, 30, 35
p_1	s_1 : ±1	m_1 :	1, 6, 11, 16, 21, 26, 31, 36
p_2	s_2 : ±1	m_2 :	2, 7, 12, 17, 22, 27, 32, 37
p_3	s_3 : ±1	m_3 :	3, 8, 13, 18, 23, 28, 33, 38
			4, 9, 14, 19, 24, 29, 34, 39

Tableau 1.1 Structure du dictionnaire fixe du G.729 (ITU-T 1996c)

Par conséquent, un vecteur d'excitations $c(n)$ du dictionnaire fixe du codec G.729 est donné par l'équation :

$$c(n) = \sum_{i=0}^{3} p_i(n) = \sum_{i=0}^{3} s_i \delta(n - m_i), \ n = 1, 2, \cdots, 40.$$

L'avantage d'une telle structure du dictionnaire fixe est qu'il n'est pas nécessaire de le stocker initialement, puisqu'il est calculé en temps réel. De plus, la structure permet d'utiliser moins de bits pour représenter les indices, et donc de diminuer le débit.

1.2.4.6. Codage par excitation mixte

Le codage CELP fournit une qualité acceptable en bande étroite pour des débits suffisamment élevés, supérieurs à 5 kbit/s. Cependant, la qualité se détériore très rapidement dès qu'on se trouve en dessous de ce débit. Cela s'explique par le fait que le codage CELP, fonctionnant à bas débit, dépense le peu de bits dont il dispose pour reproduire des parties de l'enveloppe spectrale ayant très peu d'importances du point de vue perceptif. Afin de pallier ce défaut, des techniques de codage telles que le Multi-Band Excitation ou MBE (Griffin and Lim 1988) et le HVXC (Harmonic Vector Excitation) (Nishiguchi, Iijima *et al.* 1997) ont été développées. Ces techniques de codage permettent d'obtenir des débits variant de 1,2 à 4 kbit/s.

Le signal à coder n'est pas toujours voisé ou non voisé et peut être de la parole bruitée. L'excitation MBE prend en compte à la fois les composantes harmoniques et stochastiques. Le spectre de chaque trame du signal à encoder est subdivisé en des multiples de la fréquence fondamentale. Un détecteur de voisement permet d'étiqueter chaque sous-bande comme voisée ou non voisée. Cette méthode de classification s'avère être plus précise que la classification classique utilisée par les codeurs paramétriques.

Le codage HVXC est incorporé dans le standard MPEG-4 (Herre and Grill 2000). Il consiste à utiliser la technique de codage harmonique pour les segments voisés et à utiliser un codage CELP classique pour les segments non voisés.

1.3. Le codage audio

La section précédente était consacrée aux codeurs de la parole dont le but est de mimer le principe de la production de la parole (codage paramétrique). Cette technique s'avère intéressante dans le cadre de la parole dans la mesure où, son mécanisme de production étant identifié, il est possible de concevoir des modèles le simulant. En revanche, dans le cas du son audio, il existe une infinité de sources de production et c'est la raison pour laquelle son codage se base sur un autre principe : le modèle psychoacoustique. Si l'on introduit souvent un filtre de pondération perceptif pour approcher la perception auditive humaine dans les codeurs AbS, le modèle psychoacoustique des codeurs audio se montre plus précis.

Par ailleurs, les codeurs audio doivent avoir une largeur de bande suffisante de par la richesse des composantes spectrales des sons. En effet, certaines composantes spectrales au-delà de 16 kHz peuvent être importantes. La qualité dédiée à la musique est généralement celle de la largeur de bande « Hi-Fi » correspondant à une fréquence d'échantillonnage de 44,1 kHz. Ainsi, en codage audio on cherche à compresser le signal original en conservant le maximum de composantes spectrales du signal original, tandis que, dans le cas du codage de la parole, l'objectif a longtemps été de reproduire le signal original avec un minimum d'intelligibilité. Ainsi, on peut observer que jusqu'à ces dernières années, les codeurs de téléphonie ont toujours opéré en bande étroite ([300 Hz – 3400 Hz]). Il faut cependant souligner que, depuis quelques années, les codeurs de parole permettent de reproduire des signaux dont la largeur de bande est supérieure ou égale à la bande élargie ([50 Hz – 7000 Hz]). Ceci a pour conséquence d'accroître aussi bien l'intelligibilité que le naturel des signaux codés.

1.3.1. Principe du codage perceptif

La plupart des codeurs perceptifs intègrent des bancs de filtres ou des transformées dans le domaine fréquentiel afin de réduire la redondance et de mieux coder les sous-bandes les plus significatives au sens de la perception. La Figure 1.12 présente le principe général d'un codeur audio perceptif.

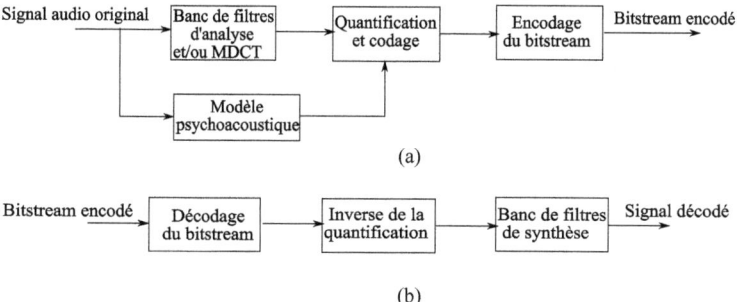

(a)

(b)

Figure 1.12 Structure basique d'un encodeur et décodeur perceptif monophonique

(a) Encodeur, (b) Décodeur

1.3.2. Encodage

1.3.2.1. Transformation temps/fréquence

Dans un premier temps, le spectre du signal original est subdivisé en plusieurs sous-bandes par un banc de filtres d'analyse ou des transformées dans le domaine fréquentiel. Cela permet d'allouer dynamiquement plus ou moins de bits aux composantes spectrales des sous-bandes selon leur importance perceptive. De plus, le bruit de quantification résultant dans chaque sous-bande doit être maintenu en dessous de la courbe de masquage. Cette courbe de masquage est déterminée par le modèle psychoacoustique.

Dans le cas du codec MPEG Layer 3 ou MP3 (Sakamoto, Taruki *et al.* 1999), on utilise un banc de filtres polyphasé au quel est associé la technique par transformée MDCT (Modified Discrete Cosine Transform) (Princen and Bradley 1986). On parle de banc de filtres hybride (Brandenburg, Eberlein *et al.* 1992). Cela n'est pas le cas du codec HE-AAC (Herre 2008) qui utilise uniquement la technique par transformée MDCT.

1.3.2.2. Modèle psychoacoustique
L'oreille humaine comporte trois parties essentielles :
– l'oreille externe constituée du pavillon et du conduit auditif,
– l'oreille moyenne formée de la chaîne ossiculaire et du tympan,
– l'oreille interne comprenant la cochlée.

L'oreille externe et moyenne réalisent une sorte de filtrage passe-bande dont la largeur de bande va de 20 Hz à 20 kHz. Dans cette bande, on ne perçoit pas toutes les fréquences de la même manière. Des expériences menées par Fletcher (Fletcher 1940) sur un ensemble de testeurs ont permis d'établir l'équation de la courbe du seuil absolu d'audibilité dans le silence, dont la courbe est présentée sur la Figure 1.13 :

$$T_q(f) = 3,4(f/1000)^{-0,8} - 6,5 e^{-0,6(f/1000-3,3)^2} + 10^{-3}(f/1000)^4 \text{ (dB-SPL)}. \qquad (1.49)$$

où SPL signifie Sound Pressure Level (Niveau de pression du son). Cette équation non linéaire est fonction de la fréquence du stimulus.

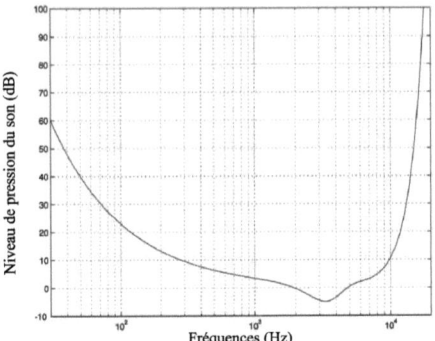

Figure 1.13 Courbe du seuil d'audibilité

1.3.2.3. Bandes critiques

L'organe essentiel de l'audition est la membrane centrale de la cochlée appelée membrane basilaire. Elle comporte plusieurs cellules ciliées (environ 25000) toutes rattachées au nerf auditif. La réponse fréquentielle de chacune de ces cellules dépend de sa localisation sur la membrane. En 1951, Zwicker définit une échelle psychoacoustique dénommée échelle de Bark. Sur cette échelle, un Bark correspond à une bande critique dont la bande passante équivalente varie en fonction de la fréquence.

Bien qu'il existe plusieurs fonctions modélisant la conversion de l'échelle fréquentielle en échelle Bark, l'une des plus connues est celle donnée par l'équation (1.50) établie dans (Schroeder, Atal *et al.* 1979) :

$$B = 13\arctan\left(\frac{0,76 f}{1000}\right) + 3,5\arctan\left(\frac{f}{7500}\right)^2. \quad (1.50)$$

où f est la fréquence en Hertz et B sa conversion en Bark.

On distingue au total 25 bandes critiques dont les bandes passantes sont présentées dans le Tableau 1.2.

1.3.3. Courbe de masquage

Sous certaines conditions, l'oreille humaine peut ne pas percevoir un son en présence d'un autre son : c'est ce que l'on appelle le phénomène de masquage, qui peut être temporel ou fréquentiel.

1.3.3.1. Masquage fréquentiel

Le masquage fréquentiel survient lorsque les sons apparaissent simultanément. La Figure 1.14 présente trois sons dont les fréquences sont comprises entre 500 Hz et 5000 Hz. Dans le silence, ces trois sons sont audibles, car leur énergie est supérieure à celle du seuil d'audibilité dans le silence. Ils deviennent inaudibles en présence d'un masque dont la fréquence se trouve dans la même plage de fréquences et dont l'énergie est supérieure à leur propre énergie. L'introduction de ce masque a pour effet de rehausser le seuil d'audibilité : ce phénomène est connu sous le nom de masquage fréquentiel.

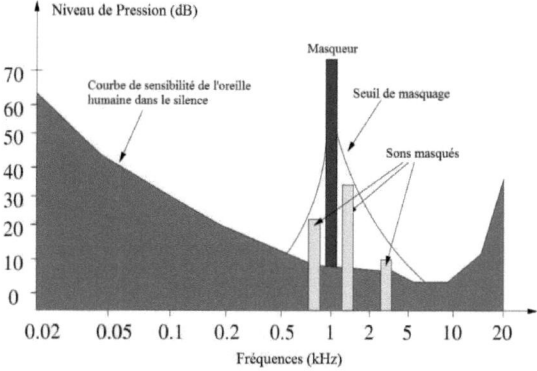

Figure 1.14 Masquage fréquentiel

Numéro de la bande critique	Fréquence de coupure basse (Hz)	Fréquence centrale (Hz)	Fréquence de coupure haute (Hz)
0	20	50	100
1	100	150	200
2	200	250	300
3	300	350	400
4	400	450	510
5	510	570	630
6	630	700	770
7	770	840	920
8	920	1000	1080
9	1080	1170	1270
10	1270	1370	1480
11	1480	1600	1720
12	1720	1850	2000
13	2000	2150	2320
14	2320	2500	2700
15	2700	2900	3150
16	3150	3400	3700
17	3700	4000	4400
18	4400	4800	5300
19	5300	5800	6400
20	6400	7000	7700
21	7700	8500	9500
22	9500	10500	12000
23	12000	13500	15500
24	15500	19500	

Tableau 1.2 Bandes critiques

1.3.3.2. Masquage temporel

De même, on définit le masquage temporel comme un phénomène se produisant lorsqu'un son est masqué soit par un son masquant de plus grande intensité qui se dissipe (post-masquage) soit par un son apparaissant juste après l'apparition du premier son (pré-masquage). Le phénomène de post-masquage dure plus longtemps (100 à 200 ms) que celui du pré-masquage (2 à 5 ms). Par conséquent, l'effet d'un post-masquage est plus important. Les propriétés du pré-masquage sont exploitées dans certains codeurs tels que les codeurs par transformée pour pallier le problème de pré-écho dont sont sujets ces types de codecs.

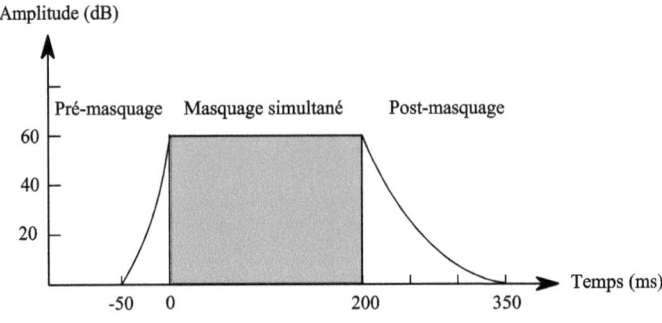

Figure 1.15 Masquage temporel

1.3.4. Quantification

En codage audio on cherche à éliminer la redondance des signaux. Cette dernière peut être mesurée via la mesure de la platitude du signal ou SFM (Spectral Flatness Measure) définie par l'équation suivante :

$$SFM = \frac{\log_2 \left(\prod_{k=0}^{M-1} x_k^2 \right)^{\frac{1}{M}}}{\frac{1}{M} \sum_{k=0}^{M-1} \log_2 \left(x_k^2 \right)}. \quad (1.51)$$

Plus le spectre d'un signal est plat, moins il présente de redondance. Supposons avoir appliqué un banc de filtre au spectre d'un signal audio. La quantification de chaque ligne spectrale d'indice k, consiste à allouer un nombre de bits R_k optimal de telle sorte que le bruit de quantification soit en dessous de la courbe de masquage de la sous-bande concernée. Cette courbe est déterminée par le modèle psychoacoustique. Mais avant l'application du critère psychoacoustique, nous chercherons dans un premier temps le nombre optimal de bits à allouer à chaque ligne spectrale. Le bruit de quantification pour la ligne spectrale k donnée est d'après la section (1.3.2.3) :

$$P_B(k) = \left(\frac{x_k^2}{3 \cdot 2^{2R_k}} \right). \quad (1.52)$$

où x_k est la valeur maximale du signal dans la ligne spectrale k. On doit minimiser la puissance de bruit moyenne en respectant le nombre de bits moyen que l'on se fixe ce qui revient à résoudre le problème d'optimisation sous contrainte suivant :

$$\begin{cases} \min_{R_k} \dfrac{1}{M} \sum_{k=0}^{M-1} P_B(k) \\ \dfrac{1}{M} \sum_{k=0}^{M-1} R_k = R \end{cases} \quad (1.53)$$

où M est l'ordre du banc de filtres et R le nombre moyen de bits par ligne spectrale. En utilisant la méthode des multiplicateurs de Lagrange, on obtient le nombre optimal de bits à allouer à chaque ligne spectrale :

$$R_k = R + \frac{1}{2}\left(\log_2\left(x_k^2\right) - \log_2\left(\prod_{j=0}^{M-1} x_j^2\right)^{\frac{1}{M}} \right). \quad (1.54)$$

Supposons que la moyenne géométrique de la densité spectrale de puissance du signal est plus petite que sa moyenne arithmétique. Cela s'exprime mathématiquement par :

$$\frac{1}{M} \sum_{k=0}^{M-1} \log_2\left(x_k^2\right) \ge \log_2\left(\prod_{k=0}^{M-1} x_k^2\right)^{\frac{1}{M}} \quad (1.55)$$

$$\Rightarrow \log_2\left(x_k^2\right) \ge M \cdot \log_2\left(\prod_{j=0}^{M-1} x_j^2\right)^{\frac{1}{M}} \ge \log_2\left(\prod_{j=0}^{M-1} x_j^2\right)^{\frac{1}{M}}, \forall 1 \le k \le M$$

$$\Rightarrow \frac{1}{2}\left\{ \log_2\left(x_k^2\right) - \log_2\left(\prod_{j=0}^{M-1} x_j^2\right)^{\frac{1}{M}} \right\} \ge 0, \forall 1 \le k \le M \quad (1.56)$$

$$\Rightarrow R_k \ge R, \forall 1 \le k \le M.$$

On se rend compte que pour avoir une amélioration du gain de codage dans les sous-bandes spectrales ($R_k > R$), il suffit que la moyenne géométrique de la densité spectrale de puissance du signal soit plus petite que la moyenne arithmétique de cette densité spectrale de puissance. Lorsqu'une telle condition est vérifiée cela implique que la mesure SFM est comprise entre 0 et 1 (lorsque $R_k = R$) d'après sa définition. Ainsi plus la mesure SFM a une valeur proche de zéro plus on améliore le gain. Par ailleurs, on remarque que la mesure SFM dépend aussi du nombre de sous-bandes M d'après l'équation (1.51). Elle décroît lorsque M (pour $M \ge 2$) augmente (Bosi 1999).

Pour chaque sous-bande k, le modèle psychoacoustique détermine la courbe du seuil de masquage Γ_k correspondant. On définit alors le rapport signal à masque ou SMR (Signal to Mask Ratio), dont la courbe est tracée sur la Figure 1.16, par :

$$SMR = 10 \log\left(\frac{\langle x_k^2 \rangle}{\langle \Gamma_k^2 \rangle} \right) \quad (1.57)$$

où $\langle x_k^2 \rangle$ et $\langle \Gamma_k^2 \rangle$ désignent respectivement les puissances du signal et du seuil de masquage. Quant au rapport signal à bruit ou SNR (Signal to Noise Ratio), il vaut :

$$SNR = 10 \log\left(\frac{\langle x_k^2 \rangle}{\langle q_k^2 \rangle} \right) \quad (1.58)$$

où $\langle q^2 \rangle$ est la puissance de bruit de quantification. Dans chaque sous-bande, la distorsion perçue est la différence entre le SNR et le SMR appelée NMR (Noise to Mask Ratio). La quantification est réalisée en maintenant le bruit de quantification en dessous du seuil de masquage. Cela revient à minimiser le NMR défini comme suit :

$$NMR = 10\log\left(\frac{\langle x_k^2\rangle}{\langle \Gamma_k^2\rangle}\right) - 10\log\left(\frac{\langle x_k^2\rangle}{\langle q_k^2\rangle}\right)$$

$$NMR = 10\log\left(\frac{\langle q_k^2\rangle}{\langle \Gamma_k^2\rangle}\right) \qquad (1.59)$$

D'après l'expression de la puissance du bruit de quantification établie précédemment, on a :

$$NMR = \frac{1}{M}\sum_{k=0}^{M-1}\left(\frac{x_k^2/\Gamma_k^2}{\left(3\cdot 2^{2R_k}\right)}\right). \qquad (1.60)$$

Le problème d'optimisation avec contrainte à résoudre est le suivant :

$$\begin{cases}\min_{R_k} NMR \\ \dfrac{1}{M}\sum_{k=0}^{M-1}R_k = R\end{cases}. \qquad (1.61)$$

En procédant de la même manière que précédemment, on obtient le nombre optimal de bits à allouer à la ligne spectrale k :

$$R_k = R + \frac{1}{2}\log_2\left(\frac{x_k^2}{\Gamma_k^2}\right) - \frac{1}{2}\log_2\left(\prod_{j=0}^{M-1}\frac{x_j^2}{\Gamma_j^2}\right)^{\frac{1}{M}}. \qquad (1.62)$$

On introduit ici la notion de SFM « Perceptif » ou PSFM définie par :

$$PSFM = \frac{\log_2\left(\prod_{k=0}^{M-1}\dfrac{x_k^2}{\Gamma_k^2}\right)^{\frac{1}{M}}}{\dfrac{1}{M}\sum_{k=0}^{M-1}\log_2\left(\dfrac{x_k^2}{\Gamma_k^2}\right)}. \qquad (1.63)$$

Cette grandeur dépend de la distribution d'énergie spectrale du signal pondérée par la distribution d'énergie du seuil de masquage. Cependant, on ne peut pas conclure quant à l'augmentation ou à la diminution de l'ordre du banc de filtres. De même que précédemment, le PSFM est compris entre 1 et 0 et plus sa valeur tend vers 0, plus on améliore le gain de codage des sous-bandes.

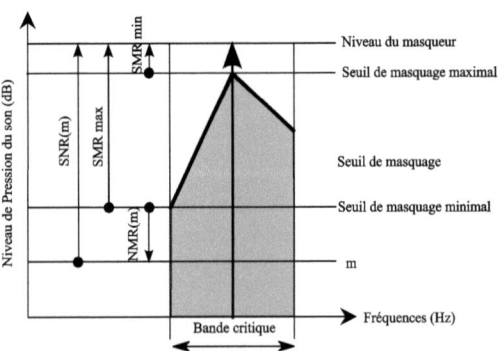

Figure 1.16 NMR et SMR

1.3.4.2. Encodage du bitstream

Une fois les composantes spectrales des sous-bandes quantifiées, une technique de compression numérique comme le codage de Huffman (cas du MP3 et HE-AAC) est employée pour supprimer les redondances. Finalement toutes les données utiles quantifiées lors de l'étape précédente sont regroupées dans un paquet appelé bitstream, qui est transmis au décodeur.

1.3.4.3. Décodeur

Les opérations de l'encodeur sont réalisées dans l'ordre inverse. Dans un premier temps, les bitstreams sont décodés en composantes spectrales, lesquelles subiront la quantification inverse. Puis, un banc de filtres de synthèse permet de retourner dans le domaine temporel.

1.4. Attributs des codecs

Au cours des précédentes sections, nous avons décrit les caractéristiques techniques des codecs, permettant de les catégoriser par famille de codage technique. Dans les sections qui suivent, nous présentons des attributs qualitatifs permettant également de les classifier. Ces caractéristiques sont principalement la largeur de bande, le débit, la complexité et le retard (ou délai). Suivant les applications visées le choix des codecs à utiliser sera basé sur un compromis de ces différents attributs.

1.4.1. Largeur de bande et qualité perceptive

Initialement les codeurs de la parole ont été conçus pour opérer sur une largeur de bande allant de 300 Hz à 3,4 kHz, offrant une qualité perceptive appelée bande téléphonique ou NB (Narrowband). Une telle bande de fréquences est suffisante pour transmettre de la parole et correspond à la bande de la téléphonie classique. Avec les prouesses réalisées dans le domaine du traitement du signal, les largeurs de bandes ont de plus en plus été augmentées. Ainsi, on a assisté successivement à l'apparition de la bande élargie ou WB (WideBand) dont la largeur de bande varie entre 50 Hz et 7 kHz, à celle de la Bande Super-Élargie ou SWB (Super WideBand) dont la largeur de bande est comprise entre 50 Hz et 14 kHz, et enfin à celle de la Bande pleine ou FB (Full-Band) dont la largeur de bande s'étend jusqu'à 20 kHz, qui est la largeur de bande des CD (Compact Disk). La Figure 1.17 présente un aperçu de l'évolution de la largeur de bande des codecs de la parole et audio au cours des années. La bande pleine est généralement utilisée pour des applications audio. Les codecs de la parole ne dépassent pas généralement la largeur de bande [50 Hz – 14 kHz], excepté le codec G.719. Comme on le constate sur le Tableau 1.3, l'augmentation de la bande de fréquences implique l'augmentation de la fréquence d'échantillonnage pour respecter le théorème de Nyquist-Shannon. On remarque aussi que, pour obtenir une qualité FB, cela requiert un minimum de 32 kbit/s (ITU-T G.719), tandis que pour une qualité NB on peut descendre jusqu'à 4.75 kbit/s (3GPP AMR).

Qualité	Fe (Hz)	Largeur de bande (kHz)	Débits (kbit/s)
NB	8000	0,3 – 3,4	De 80 (ITU-T G.711.1) à 4.75 (3GPP AMR)
WB	16000	0,05 – 7	De 96 (ITU-T G.711.1) à 6.6 (3GPP AMR-WB/ITU-T G.722.2)
SWB	32000	0,05 – 14	De 128 (ITU-T G.711.1D) à 24 (ITU-T G.722.1 C)
FB	48000	0,02 – 20	De 128 (ITU-T G.719) à 32 (ITU-T G.719)

Tableau 1.3 Largeur de bandes des codecs de la parole

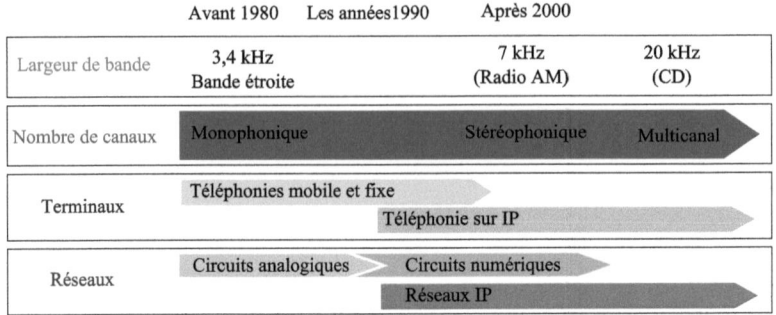

Figure 1.17 Évolution de la qualité de la parole et de l'audio dans les réseaux de communications fixes (Hiwasaki, Mori et al. 2004)

1.4.2. Débits

Considérons un signal de parole ou audio découpé en plusieurs trames. Soient F_T et B_T respectivement la fréquence de transmission des composants du signal encodés et le nombre de bits utilisés pour les encoder, le débit s'écrit alors :

$$D_T = F_T \times B_T. \qquad (1.64)$$

Le débit de référence pour les codecs de parole bande étroite est de 64 kbit/s (8 bits et fréquence d'échantillonnage de 8000 Hz). L'un des principaux objectifs en codage de la parole et du son est de diminuer au maximum ce débit tout en conservant la qualité. En pratique, l'augmentation de la largeur de bande requiert l'augmentation du débit binaire. Comme pour la largeur de bande, les codecs peuvent être classifiés suivant leurs débits comme le montre le Tableau 1.4.

Catégorie	Débits
Haut débit	> 15 kbit/s
Débit moyen	5 à 15 kbit/s
Bas débit	2 à 5 kbit/s
Très bas débit	< 2 kbit/s

Tableau 1.4 Classification des codecs selon le débit (Chu 2003)

1.4.3. Complexité

La réduction de la complexité des codecs induit non seulement la baisse de leur consommation d'énergie, mais simplifie aussi leur implémentation en temps réel. Cette complexité est quantifiée par le MIPS (Million of Instructions Per Second) ou en WMOPS (Weighted Million Operations Per Second). La complexité des codecs dépend non seulement de la complexité de leur algorithme mais aussi du processeur utilisé pour les implémenter. La plupart des codecs normalisés à l'UIT ou le 3GPP sont définis en virgule fixe (le DSP en virgule fixe est beaucoup moins cher que celui en virgule flottante) avec une complexité calculée en utilisant les basicops (opérateurs basiques simulant les fonctions d'un Digital Signal Processor ou DSP). Ainsi, le codeur Dolby AC3 a, par exemple, une complexité de 27 MIPS sur le processeur Zoran ZR38001 optimisé pour lui, tandis que, sur un processeur polyvalent tel que le Motorola DSP56002, sa complexité s'élève à 45 MIPS (Vernon 1995). La plupart des codecs audio insistent plus sur la réduction de la complexité du décodeur. En effet le codage audio avait été développé pour des applications dissymétriques telles que la diffusion, raison pour laquelle l'accent est plutôt mis sur la réduction de la complexité du décodeur.

La Figure 1.18 présente l'évolution de la qualité perceptive ainsi que la complexité des 3 grandes familles de codecs en fonction de leur débit. On peut remarquer que la qualité perceptive des codecs paramétriques sature très vite tandis que celle des codecs hybrides (CELP) et codecs en forme d'onde augmente continuellement. Il faut remarquer que le débit des codecs hybrides ne dépasse pas 16 kbit/s. En comparant les codecs paramétriques et ceux en forme d'onde, on constate que les premiers fournissent la même qualité que les seconds avec beaucoup moins de débits (en dessous de 4 kbit/s).

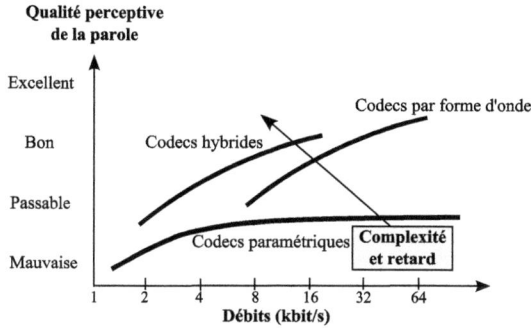

Figure 1.18 Qualité perceptive, complexité et retard des codecs suivant le débit

1.4.4. Retard

La plupart des codecs opèrent trame par trame. Le « look-ahead » ou « prélecture » correspond à la capacité à lire en avance une portion de la trame à venir afin de pouvoir mieux gérer les transitoires d'attaque. Cette prélecture engendre un retard appelé délai de prélecture ou « look-ahead delay ». D'autre part, le temps que mettent l'encodeur et le décodeur pour opérer correspond à un autre type de retard appelé « délai de traitement » ou encore « délai algorithmique ». Ce dernier dépend de la puissance du processeur utilisé pour implémenter le codec. La somme du délai de traitement et du délai de prélecture est qualifiée de « one-way codec delay ». Par ailleurs, le canal de transmission introduit un délai, nommé délai de communication, qui correspond au temps mis par l'encodeur pour transmettre une trame complète au décodeur. L'ensemble de ces trois types de retard est connu sous le nom de « one-way system delay ». L'impact des retards dépend de l'application visée. En effet, pour des applications telles que le streaming audio, le retard n'est pas préjudiciable, et on peut ainsi avoir des retards de l'ordre de la centaine de millisecondes. En ce qui concerne des applications à forte contrainte temps-réel, telles que la VoIP, les délais varient entre 10 et 20 ms. Par défaut, le minimum de délai de l'encodeur et du décodeur est de 5 ms respectivement, cependant, l'utilisation de certaines techniques telles que les bancs de filtres et le réservoir de bits peut considérablement accroître ce délai.

D'autre part, en plus du retard imposé par l'application, on distingue le retard perçu par l'auditeur. Dans la recommandation G.114 de l'UIT (ITU-T 2003c) portant sur l'effet du retard lors des communications via internet, il est mentionné qu'un retard est tolérable par l'auditeur lorsque sa valeur est inférieure à 150 ms et qu'une perte d'interactivité de la communication est observée pour une valeur du retard supérieure à 400 ms de retard.

1.4.5. La robustesse aux erreurs du canal de transmission

La qualité de la transmission d'une communication peut être entachée par les erreurs introduites par le canal de transmission. On distingue deux types d'erreurs : les pertes de paquets et les erreurs de bits. Les erreurs de bits peuvent être corrigées en intégrant aux codecs des modules de codes correcteurs d'erreurs (codage canal) ou FEC (Forward Error Correction) en anglais. Le codage canal consiste à rajouter de l'information redondante à la source d'information à transmettre, de telle sorte que le récepteur puisse détecter et corriger les erreurs de transmission. Les pertes de paquets, quant à elles, peuvent être corrigées via l'utilisation d'une Requête Automatique de Répétition ou RAP. Dans le cas de la transmission de la parole, on utilise plus les codes correcteurs, en raison du retard que provoque l'utilisation du RAP. Pour certains, il existe des modules spécialement développés pour corriger les pertes de paquets. Ces modules se servent des informations de la trame précédente ou de la trame suivante (lorsque celle-ci est reçue avant que la trame courante soit jouée).

1.5. La normalisation

De nos jours, il existe une multitude de codecs et de formats audio. Ainsi, les communications entre deux systèmes différents (par exemple entre la Voix sur IP et téléphonie mobile) donnent lieu au phénomène de transcodage. Il correspond à la mise en cascade de codecs différents et a pour conséquence la dégradation de la qualité de la communication. La mission de la normalisation est de sélectionner les meilleurs algorithmes disponibles au moment de la normalisation. Pour ce faire elle établit des cahiers de charges (débit, complexité, retards admissibles) pour des applications données. La sélection tient compte également de l'interopérabilité entre les codecs. On distingue 3 organismes de normalisation des codecs de la parole et audio : l'UIT (Union internationale des telecommunications) ou ITU (International Telecommunication Union), l'Institut européen des normes de télécommunications ou ETSI (European Telecommunication Standards Institute), et l'Institut international de standardisation ou ISO (International Organization for Standardization Institute).

1.5.1. ITU

L'ITU fut créée initialement en 1956, à Genève, sous le nom de CCITT (Comité Consultatif International pour la Télégraphie et la Téléphonie). En 1993, la CCITT fut rebaptisée sous l'acronyme ITU. À l'ITU, les codecs sont normalisés à travers les recommandations G.7xx et G.72xx. La commission d'études (Study Group) 12 est responsable de l'évaluation de la qualité tandis que la normalisation des codecs audio et de la parole est sous la responsabilité du groupe d'études 16 qui étudie les problématiques suivantes :
- codeurs de la parole embarqués à débit varié,
- codage audio et de la parole et outils logiciels connexes,
- systèmes multimédias avancés pour les Réseaux de Nouvelle Génération.

À l'ITU-T le codeur et le décodeur sont normatifs car ce sont des applications symétriques qui sont étudiées (téléphonie). En revanche, à l'ISO, où il s'agit d'applications de diffusion, seuls le bitstream et le décodeur sont normatifs, le codeur ne l'est pas. La norme contient un logiciel en virgule fixe simulant le fonctionnement du codec au bit près.

1.5.2. ETSI

L'ETSI est l'organisme européen de standardisation pour les technologies de l'information et de communication. Il fut créé en 1988 et a son siège à Sophia Antipolis. Il regroupe plus d'une soixantaine

de pays et plus de 700 membres. L'ETSI est un membre du 3GPP (3rd Generation Partnership Project) qui a pour rôle principal la maintenance et le développement de spécifications techniques des normes de téléphonie mobile (GSM, GPRS, EDGE, UMTS et LTE). À titre d'exemple, le codec G.722.2 de l'ITU, utilisé dans les réseaux UMTS est aussi normalisé au niveau du 3GPP sous le nom d'AMR-WB. À l'ETSI, le groupe d'études chargé du codage de la parole et de l'audio est le SA4 (codec) du 3GPP. Les missions de ce groupe sont essentiellement :
- le développement et la maintenance des spécifications pour le codage de la parole, de l'audio, de la vidéo et du multimédia,
- la qualité de service de bout en bout,
- l'évaluation de la qualité de parole, audio, vidéo et multimédia,
- la gestion de l'interopérabilité entre réseaux fixe et mobile au niveau des codecs.

À l'ETSI, les codeurs et décodeurs sont normatifs. Le logiciel de référence décrit une implémentation en virgule fixe au bit près.

1.5.3. ISO

L'ISO se charge de la normalisation des normes de codage audiovisuelles dédiées au multimédia. L'ISO fut créé en 1947 et a son siège à Genève. Les travaux relatifs à l'audio sont traités dans le groupe 11 (Working Group 11 ou WG11). Ce groupe est commun à l'ISO et au groupe d'experts MPEG (Moving Picture Expert Group).

1.6. Conclusion

Dans ce chapitre, l'examen des différentes techniques de codage de parole et du son a permis une classification des codecs actuels suivant ces différentes techniques. Des travaux toujours en cours visent à améliorer les codecs existants mais aussi à créer des codecs plus polyvalents (parole et audio) comme le codec CELT (Constrained Energy Lapped Transform) (http://www.celt-codec.org). Comme futur codec on peut également citer un codec qui sera utilisé dans les réseaux LTE (Long Term Evolution) : EVS (Enhanced Voice Services) (Järvinen, Bouazizi et al. 2010) dont la sortie est prévue pour fin 2012.

La qualité de service étant un enjeu majeur de l'industrie, nous verrons dans le chapitre suivant les méthodes d'évaluation de la qualité des codecs.

Chapitre 2

Évaluation de la qualité de la parole et de l'audio

La forte concurrence imposée par le monde industriel oblige les opérateurs de télécommunications à évaluer la qualité de leurs produits. En effet, des produits de mauvaise qualité portent atteinte à l'image de l'entreprise. Dès lors, la qualité de service ou QoS (Quality of Service) se voit attribuer une place prépondérante au sein des activités des opérateurs, car elle impacte leurs recettes.

En ce qui concerne les codecs de parole et audio, leurs caractéristiques techniques ainsi que leurs attributs décrits au cours du précédent chapitre influent fortement sur la qualité perçue par les clients. Cette qualité est quantifiable via des tests subjectifs et/ou des outils de mesure objective que nous décrivons dans ce chapitre.

2.1. Évaluation objective

La méthode objective consiste à construire des fonctions mathématiques déterminant de manière automatique des notes de qualité aux codeurs à évaluer. On peut catégoriser les méthodes objectives selon qu'elles nécessitent ou non le signal de référence en entrée. On a ainsi, d'une part, les mesures intrusives qui requièrent l'utilisation des signaux originaux (signal de référence) et dégradés (Figure 2.1), et, d'autre part, les mesures non intrusives qui n'utilisent pas de signal de référence mais cherchent à déterminer la qualité de la transmission en analysant directement le signal dégradé. Les méthodes d'évaluation objective vont des modèles les plus simples (opérant directement soit sur le spectre du signal soit sur sa forme temporelle) à des modèles beaucoup plus complexes implémentant des modèles psychoacoustique et cognitif.

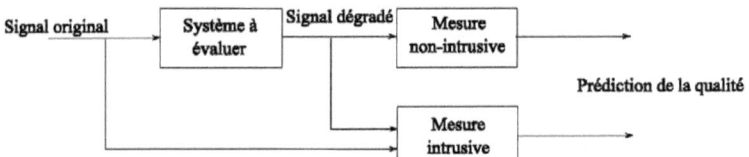

Figure 2.1 Mesure objective intrusive et non intrusive (Benesty 2008)

2.1.2. Mesures intrusives temporelles

Les mesures intrusives se distinguent suivant qu'elles opèrent dans le domaine fréquentiel ou temporel.

2.1.2.1. RSB (Rapport Signal à Bruit) et RSBSEG (RSB Segmental)

Soient $s(n)$ et $\tilde{s}(n)$ un signal de longueur N et sa version synthétisée, le RSB est une distance temporelle défini en dB par l'équation suivante :

$$RSB = 10\log_{10}\left(\frac{\sum_{n=0}^{N-1} s^2(n)}{\sum_{n=0}^{N-1}\left(s(n)-\tilde{s}(n)\right)^2}\right). \tag{2.1}$$

Le RSB pondère davantage les segments du signal à forte amplitude que ceux à faible amplitude. Or, les portions présentant de faibles amplitudes peuvent être perceptivement importantes.

Le RSB Segmental permet de résoudre ce problème en segmentant le signal en plusieurs trames. Cette mesure est plus précise, car elle prend en compte l'énergie des trames et donc toutes les trames contribuent de manière égale à l'évaluation de la qualité du signal entier. Si l'on subdivise le signal en M trames, chacune de longueur L, le RSB segmental est défini par :

$$RSBSEG = \frac{10}{M}\sum_{m=0}^{M-1} \log_{10}\left(\frac{\sum_{l=0}^{L-1} s^2(mL+l)}{\sum_{l=0}^{L-1}(s(mL+l)-\tilde{s}(mL+l))^2}\right). \quad (2.2)$$

2.1.3. RSB Segmental fréquentiel

Le principal inconvénient des mesures RSB et RSBSEG provient du fait que, dans une portion du signal sans parole, le moindre bruit peut biaiser l'analyse, et, pour pallier ce problème, le RSB Segmental fréquentiel a été proposé. Cette mesure est basée sur les amplitudes du signal dans le domaine frequentiel. De plus elle introduit un coefficient de pondération fréquentielle. Les signaux s et $\tilde{s}$ sont subdivisés en M trames, puis un banc de filtres d'ordre K leur est appliqué. Soient $|S(m,j)|$ et $|\tilde{S}(m,j)|$ les amplitudes des $j^{èmes}$ composantes spectrales de la $m^{ème}$ trame des signaux s et $\tilde{s}$. Le paramètre $W(j)$, dont plusieurs expressions peuvent être trouvées dans (Tribolet, Noll et al. 1978), désigne la pondération fréquentielle du RSB Segmental fréquentiel et est défini par :

$$RSBF = \frac{10}{M}\sum_{m=0}^{M-1}\left(\frac{\sum_{j=1}^{K} W(j)\log_{10}\frac{|S(m,j)|^2}{(|S(m,j)|-|\tilde{S}(m,j)|)^2}}{\sum_{j=1}^{K} W(j)}\right). \quad (2.3)$$

Le RSB et ses dérivées opérant dans le domaine temporel, ils sont plus adaptés à l'évaluation de la qualité des codecs par forme d'onde ou à la mesure de bruits additifs ou corrélés. Leur utilisation n'est pas fiable dans des contextes autres que ceux évoqués (Tribolet, Noll et al. 1978).

2.1.4. Distance spectrale logarithmique

Les distances spectrales sont généralement des distances issues des normes L_p (distance de Minkowski) de la forme :

$$d = \left[\frac{1}{2\pi}\int_{-\pi}^{\pi}|P(\omega)-\tilde{P}(\omega)|^p\,d\omega\right]^{\frac{1}{p}}. \quad (2.4)$$

où $P(\omega)$ et $\tilde{P}(\omega)$ désignent les puissance spectrales des signaux signaux originaux et dégradés.

Notons que les mesures définies par l'équation (2.4) sont des métriques, car elles vérifient l'inégalité triangulaire. La distance spectrale logarithmique d_{DSL} est définie comme suit :

$$d_{DSL} = \int_{-\pi}^{\pi}\left(10\log|P(\omega)|-10\log|\tilde{P}(\omega)|\right)^2 \frac{d\omega}{2\pi}. \quad (2.5)$$

En général, les distances sont calculées sur les trames du signal. Si M est le nombre total de trames et $d_{DSL}(m)$ désigne la distance spectrale logarithmique de la trame m, la distance moyenne est donnée par :

$$d_{DSL} = \frac{1}{N}\sqrt{\sum_{m=1}^{M} d_{DSL}(m)}. \quad (2.6)$$

2.1.5. Mesures intrusives spectrales basées sur l'analyse

Les distances temporelles sont utiles pour évaluer certains codeurs comme les codeurs par forme d'onde. Cependant, pour d'autres types de codecs tels que les codecs paramétriques, des mesures de distorsions spectrales sont plus indiquées. Nous présentons dans la suite des mesures spectrales généralement basées sur la représentation LPC du signal. Pour rappel, la représentation LPC d'ordre p d'un signal $s(n)$ s'écrit :

$$s(n) = \sum_{k=1}^{p} a_k s(n-k) + \sigma_s e(n) \qquad (2.7)$$

où $e(n)$ est l'erreur de prédiction, σ_s est le gain du filtre LPC et les variables a_k sont les coefficients LPC. Considérons à présent un signal donné s et $\tilde{s}$ sa version distordue à évaluer. Nous désignons par $A = \begin{bmatrix} 1, -a_1, -a_2, \cdots, -a_p \end{bmatrix}^T$ et $\tilde{A} = \begin{bmatrix} 1, -\tilde{a}_1, -\tilde{a}_2, \cdots, -\tilde{a}_p \end{bmatrix}^T$ les vecteurs des coefficients issus de l'analyse LPC d'ordre p respectifs des signaux s et $\tilde{s}$. Soient σ_s^2 et $\sigma_{\tilde{s}}^2$ les gains respectifs des filtres LPC. Enfin, notons R_{ss}, de taille $(p+1) \times (p+1)$, la matrice d'autocorrélation du signal original à l'ordre $(p+1)$. Nous définirons les différentes distances basées sur l'analyse LPC en utilisant ces notations.

2.1.5.1. Distance LR (Likelihood-Ratio)

La distance Likelihood-Ratio d_{LR} est définie comme suit :

$$d_{LR} = \frac{\tilde{A} R_{ss} \tilde{A}^T}{A R_{ss} A^T} - 1. \qquad (2.8)$$

En pratique, on utilise plus souvent la forme logarithmique de cette mesure connue sous le nom de Log-Likelihood-Ratio ou LLR, définie par l'équation suivante :

$$d_{LR} = \log \left(\frac{\tilde{A} R_{ss} \tilde{A}^T}{A R_{ss} A^T} \right). \qquad (2.9)$$

2.1.5.2. Distance IS (Itakura Saïto)

Cette mesure fut établie par les Japonais Itakura et Saïto dans les années 1970. Elle est définie par l'équation suivante :

$$d_{IS}(\tilde{A}, A) = \left(\frac{\sigma_s^2}{\sigma_{\tilde{s}}^2} \right) \left(\frac{\tilde{A} R_{ss} \tilde{A}^T}{A R_{ss} A^T} \right) + \log \left(\frac{\sigma_{\tilde{s}}^2}{\sigma_s^2} \right) - 1. \qquad (2.10)$$

On peut remarquer que la distance Itakura-Saïto n'est pas une métrique, car elle n'est pas symétrique.

2.1.5.3. Distance CEP (CEPstrale)

Cette distance est très souvent utilisée dans le domaine de la reconnaissance de la parole. Son calcul est basé sur les coefficients cepstraux qui sont une représentation des coefficients LPC dans un domaine analogue au domaine temporel. Soient $x(t)$ un signal, F et F^{-1} les opérateurs de la transformée de Fourier et de son inverse, les coefficients cepstraux c de $x(t)$ sont calculés selon l'équation (2.11) :

$$c = F^{-1} \left\{ \ln \left[F(x(t)) \right] \right\}. \qquad (2.11)$$

On peut également calculer les coefficients cepstraux à partir des coefficients LPC. C'est la raison pour laquelle elle est aussi considérée comme une distance basée sur l'analyse LPC :

$$c_i = \begin{cases} a_i + \dfrac{1}{i}\sum_{k=1}^{i-1} kc_k a_{i-k}, & i \in \{1,\cdots,P\} \\ \dfrac{1}{i}\sum_{k=1}^{i-1} kc_k a_{i-k}, & i > P \\ \ln(\sigma^2) & i = 0 \\ 0 & i < 0 \end{cases} \quad (2.12)$$

En notant respectivement $P(\omega)$ et $\tilde{P}(\omega)$ les densités spectrales de puissance respectives d'un signal s original donné et de sa version dégradée $\tilde{s}$, la distance cepstrale d_{cep} entre ces deux signaux est définie par l'équation (2.13) :

$$d_{cep} = \frac{10}{\ln(10)}\sqrt{2\sum_{k=1}^{P}(c_k - \tilde{c}_k)^2} \quad (2.13)$$

où c_k et $\tilde{c}_k$ sont respectivement les coefficients cepstraux des signaux s et $\tilde{s}$ et P le nombre total de coefficients cepstraux.

Une mesure similaire à la distance cepstrale, mais basée sur une échelle de fréquences Mel (Stevens 1936), est également très utilisée en reconnaissance de la parole. Les coefficients alors introduits dans cette mesure sont appelés MFCC (Mel Frequency Cesptral Coefficients) (Plomp, Pols *et al.* 1967). La conversion d'une fréquence f en Hertz en une fréquence f_{Mel} en Mel est réalisée via l'équation suivante :

$$f_{Mel} = 2595 \log_{10}\left(1 + \frac{f}{700}\right). \quad (2.14)$$

Pour calculer les coefficients MFCC, le signal d'entrée $s(n)$ est préalablement pondéré par une fenêtre $w(n)$, généralement la fenêtre de Hamming. On calcule ensuite les coefficients de la TFD (Transformée de Fourier Discrète) du signal d'entrée pondéré par la fenêtre. Puis, un banc de filtres Mel est appliqué au module des coefficients obtenus à l'issue de la TFD. Finalement les coefficients MFCC sont obtenus en calculant les coefficients de la DCT du logarithme des composantes issues du banc de filtres Mel. La Figure 2.2 illustre la procédure du calcul des coefficients MFCC.

Figure 2.2 Procédure de calcul des coefficients MFCC

2.1.5.4. Mesure WSS (Weighted Spectral Slope)

Cette mesure proposée par Klatt calcule la différence pondérée des pentes spectrales des bandes critiques des signaux original et distordu (Klatt 1982). Soient C_j et $\tilde{C}_j$ les $j^{èmes}$ bandes critiques des signaux s et $\tilde{s}$, les pentes spectrales correspondantes sont :

$$\begin{cases} S_j = C_{j+1} - C_j \\ \tilde{S}_j = \tilde{C}_{j+1} - \tilde{C}_j \end{cases}. \quad (2.15)$$

Les pentes sont ensuite pondérées par un coefficient W_j dont la valeur dépend de 2 critères :

- la bande spectrale considérée est proche d'une vallée ou d'un pic spectral,
- la largeur de la bande est la plus grande du spectre entier.

Ce coefficient est déterminé par l'équation ci-dessous :

$$W_j = \frac{K_{max}}{K_{max} + C_{max} - C_j} \frac{K_{loc\,max}}{K_{loc\,max} + C_{loc\,max} - C_j} \quad (2.16)$$

où C_{max} est le maximum de l'amplitude des logarithmes spectraux de toutes les bandes et $C_{loc\,max}$ est la valeur du pic le plus proche de la bande spectrale j. Les variables K_{max} et $K_{loc\,max}$ sont des constantes permettant d'obtenir une corrélation maximale avec les mesures subjectives. Soit L le nombre total de bandes critiques ($L = 25$), la distance WSS est :

$$d_{WSS} = \sum_{j=1}^{L} W_j \left(S_j - \tilde{S}_j \right)^2. \quad (2.17)$$

2.1.6. Mesures basées sur le modèle psychoacoustique

Bien qu'elles donnent de bonnes corrélations avec le jugement humain, les mesures présentées précédemment, sont très souvent limitées dans certains cas, notamment lors de l'évaluation de la qualité audio. En effet, ces mesures sont basées sur le modèle LPC qui est plutôt lié au mécanisme de production de la parole. Or, le codage audio repose plutôt sur la modélisation psychoacoustique. Nous présentons dans cette section des mesures ayant pour objectif de reproduire ce modèle de perception de l'audition humaine, ce qui leur assure de meilleures corrélations avec le jugement humain.

2.1.6.1. Processus d'évaluation de la qualité audio par un humain

Le modèle auditif humain est constitué d'une part d'un bloc périphérique correspondant à la modélisation de l'oreille, et d'un bloc cortical. Le bloc cortical modélise les neurones du cortex auditif et les nerfs auditifs établissant la connexion entre l'oreille et le cerveau. On désigne par « représentation interne » le nerf d'excitation commandé par le signal sonore traité par le système d'audition. Cette représentation correspond à la représentation spectro-temporelle du signal sonore électrique. La Figure 2.3 synthétise le principe d'évaluation de la qualité d'un son par l'homme. Le principe d'évaluation subjective de la qualité comporte un système d'audition correspondant au système auditif humain et un mappage cognitif qui est réalisé par le cerveau. Les signaux issus du système auditif sont analysés par le cerveau afin de juger la qualité perçue du signal. Notons qu'en pratique ce modèle est irréalisable, car bien que l'on maîtrise le processus d'audition humaine, le mappage cognitif fait au niveau du cerveau n'est pas connu actuellement.

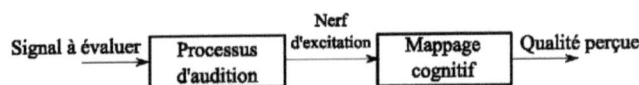

Figure 2.3 Évaluation de la qualité par un humain

On distingue deux types de mesures psychoacoustiques. Le premier type se base sur le seuil de masquage du signal original. La différence entre le signal traité et le signal original est calculée sur la base de ce seuil. Le second type utilise la représentation interne des signaux qui sont déterminés à partir d'un modèle d'audition. Étant donné que cette représentation est celle utilisée par le système de mappage cognitif, ce modèle est plus proche du modèle parfait. Dans la suite, nous présentons quelques mesures basées sur la représentation interne.

2.1.6.2. Mesure BSD (Bark Spectral Distortion)

La mesure BSD est une mesure proposée par Wang qui calcule la distance euclidienne moyenne entre les spectres du signal original et du signal dégradé dans le domaine de Bark (Wang, Sekey et al. 1992). Supposons les signaux original et dégradé subdivisés en M trames. Cette mesure se base sur le fait que la qualité d'un signal est directement liée à sa sonie qui représente le niveau sonore de la parole perçue. Pour chaque trame k, on note L_i^k et $\tilde{L}_i^k$, la i^{eme} ligne spectrale dans le domaine de Bark des signaux original et dégradé. La mesure BSD sur chaque trame k est définie par :

$$d_{BSD}^k = \sum_{i=1}^{N} \left(L_i^k - \tilde{L}_i^k \right)^2 \qquad (2.18)$$

où N est le nombre de lignes spectrales. On en déduit la mesure BSD moyenne

$$d_{BSD} = \frac{\sum_{k=1}^{M} d_{BSD}^k}{\sum_{k=1}^{M} \sum_{i=1}^{N} L_i^k}. \qquad (2.19)$$

Wonhon proposa une version modifiée de la mesure BSD qu'il qualifie de MBSD (Modified BSD) (Wonho, Dixon *et al.* 1997). Il montre que cette mesure fournit des résultats mieux corrélés aux mesures subjectives que ceux fournis par la mesure BSD classique. L'innovation porte sur le fait que la MBSD prend en compte le seuil de masquage du bruit. Cela permet de distinguer les distorsions inaudibles des distorsions audibles. Soit W_i^k l'indicateur de distorsion de la i^{eme} ligne spectrale de Bark. Il vaut 0 ou 1 selon que la distorsion est jugée imperceptible ou non. Ainsi, pour chaque trame k, l'équation (2.18) devient :

$$d_{MBSD}^k = \sum_{i=1}^{N} W_i^k \left(L_i^k - \tilde{L}_i^k \right)^2. \qquad (2.20)$$

La moyenne de la mesure MBSD s'obtient en calculant la moyenne des d_{MBSD}^k sur l'ensemble des M trames.

2.1.6.3. Modèle PSQM (Perceptual Speech-Quality Measure)

Il fut proposée par Beerends et Stemnerdink (Beerends and Stemerdink 1994) afin d'évaluer la qualité des codeurs de la parole. Il repose sur une représentation interne du signal. Le PSQM fut normalisé par l'UIT en 1998 dans la recommandation P.861 (ITU-T 1998). Il avait été optimisé pour l'évaluation des codeurs de la parole et a été validé d'ailleurs avec le codeur G.728 (CCITT 1992). Cependant le PSQM est limité aux signaux à bande étroite et son utilisation s'avère inefficace pour des codecs ayant un bas débit ainsi que pour l'évaluation de la qualité vocale dans les transmissions introduisant des retards variables (time wraping) telles que la VoIP.

2.1.6.4. Modèle PESQ (Perceptual evaluation of speech Quality)

Le modèle PSQM avait été conçu pour l'évaluation objective de la qualité des codecs de parole dans les réseaux de téléphonie sans fil tels que le GSM. En effet, l'arrivée de la VoIP l'a rendu obsolète, car de nouvelles distorsions sont apparues (délai, pertes de paquets...). C'est la raison pour laquelle l'UIT a demandé la conception d'un nouveau modèle prenant les défauts introduits par les lignes du réseau. Une première approche fut la conception du PSQM+ prenant en compte ces défauts, mais ce dernier était toujours limité face aux variations de délai. Plus tard, la société OPTICOM proposa le PSQM/IP dont les performances pour l'évaluation de la qualité dans les VoIP étaient la plupart du temps assez proches de celles du PSQM pour l'évaluation de la qualité des codecs de parole.

Le problème de la variation du délai fut complètement résolu avec le modèle PESQ qui fut normalisée dans la recommandation P.862 (ITU-T 2002). Il résulte de la fusion du modèle PAQM (Perceptual Audio Quality Measure) (Beerends and Stemerdink 2012) et du PSQM+. Il dispose donc, d'une part, des modèles psychoacoustique et cognitif implémentés dans le PSQM+ et, d'autre part, de l'algorithme d'alignement temporel du PAQM. Ce modèle présente de bonnes corrélations avec l'évaluation subjective de la qualité de signaux audio, mais des corrélations moindres avec l'évaluation subjective de la qualité de signaux de parole. Les notes générées par le modèle PESQ varient en effet de -0,5 (dégradation imperceptible) à +4,5 (dégradation très gênante). Par conséquent, afin de pouvoir les comparer avec les notes subjectives, elles sont converties en MOS-LQO (MOS Listening Quality Objective) qui varient de 1 à 5 (ITU-T 2003b). Ce mappage a été normalisé par l'UIT sous la Recommandation P.862.1. La mesure PESQ fut initialement conçue pour la téléphonie bande étroite ([300 Hz – 3400 Hz]), une extension aux signaux à bande élargie

([50 Hz – 7000 Hz]) a été également normalisée dans la recommandation P.862.2 (ITU-T 2007a). La Figure 2.4 présente le principe du modèle PESQ.

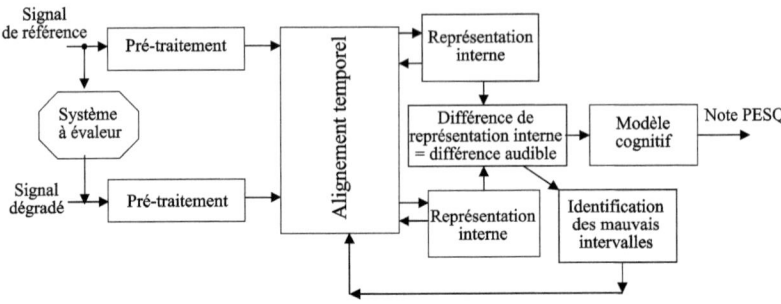

Figure 2.4 Principe du modèle PESQ

2.1.6.5. ITU-T P.863

La mesure ITU-T P.863 est aussi appelée POLQA (Perceptual Objective Listening Quality Assessment). Elle fut développée par une collaboration entre 3 compagnies OPTICOM, SwissQual et TNO et normalisée en 2011 par l'UIT dans la recommandation P.863 (ITU-T 2011). Il s'agit du premier modèle évaluant les signaux à bande super élargie. Cette mesure fonctionne aussi bien pour les signaux à bande élargie, que pour les signaux à bande super élargie. Elle fut conçue pour l'évaluation de la qualité de transmission de la parole dans les réseaux de 3ème et 4ème générations de téléphonie mobile.

La Figure 2.5 synthétise les méthodes intrusives perceptives utilisant les représentations internes du signal et leur évolution.

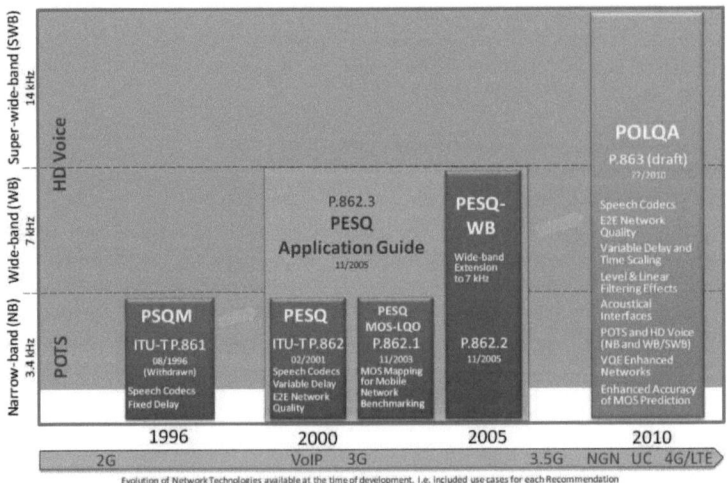

Figure 2.5 Évolution des mesures intrusives de la qualité de la parole dans les réseaux de télécommunications

2.1.7. Mesures non intrusives

Les méthodes intrusives utilisent toujours le signal original ou de référence, ce qui permet de mieux détecter les défauts présents sur le signal dégradé. Cependant, pour des applications temps-réel telles que la supervision de la qualité dans les réseaux, le signal de référence n'est pas toujours disponible, ce qui rend leur utilisation problématique, d'où l'introduction de modèles non intrusifs. Ces derniers utilisent certaines mesures physiques du signal dégradé afin d'estimer la qualité du signal.

Liang et Kubichek ont présenté dans (Liang and Kubichek 1994) une mesure non intrusive dénommée OBQ (Output-Based Quality) utile pour la supervision de la qualité de la parole dans les communications radio. Son principe est de créer un signal de référence artificiel. Le choix du signal artificiel est fait sur un dictionnaire de signaux artificiels correspondant à une base de données d'enregistrement de signaux de parole non dégradés. La mesure OBQ est difficile à mettre en œuvre en raison de la grande variabilité des signaux de parole d'un individu à un autre. Elle s'appuie sur l'analyse PLP (Perceptual Linear Predictive) proposée par Hermansky (Hermansky 1990). L'analyse PLP est une technique de représentation paramétrique du signal. Le signal subit initialement une transformation afin d'approcher le modèle de la perception auditive humaine en découpant notamment son spectre en bandes critiques. Puis le spectre transformé est estimé via un modèle autorégressif. L'ordre de l'analyse PLP donne une indication quant à la dépendance de la personne qui parle. Il a été montré que le modèle d'ordre 5 est suffisant pour s'affranchir de la dépendance du locuteur. Les coefficients PLP de chaque trame du signal dégradé et des signaux de référence artificiels sont calculés. À chaque vecteur de coefficients PLP du signal dégradé est associé un vecteur PLP d'un signal artificiel. La distance moyenne entre le vecteur de coefficients PLP du signal dégradé et le « plus proche » vecteur de coefficients PLP du signal original fournit une estimation de la quantité de dégradation.

En 2004, l'ITU a normalisé dans la Recommandation P.563 (ITU-T 2004) un modèle non intrusif d'évaluation de la qualité mono-extrémité (un seul bout). Elle est le résultat d'une fusion des mesures non intrusives NiQA de Psytechnics (Rix and Gray 2001), NiNA de SwissQual (Juric 2001) et P3SQM d'OPTICOM.

En 2005, Doh-Suk Kim proposa un modèle non intrusif ANIQUE (Auditory Non intrusive QUality Estimation) basé sur l'enveloppe temporelle des signaux (Kim 2005). Cette mesure cherche à modéliser le fonctionnement des éléments constitutifs du système auditif humain.

Une mesure non intrusive où le signal de référence est artificiellement généré en utilisant les modèles de mélange gaussien ou GMM (Gaussian Mixture Model)(McLachlan and Peel 2000) fut proposée par Falk dans (Falk, Qingfeng et al. 2005). Elle opère en utilisant 51 indicateurs. Une autre mesure, la mesure LCQA (Low Complexity Quality Assesment) proposée par Grancharov, est également basée sur les modèles de mélange gaussien dont la complexité par rapport à la mesure précédente est réduite puisqu'elle n'utilise que 11 indicateurs (Grancharov, Zhao et al. 2006).

Plus récemment, Radhakrishnan a proposé une mesure non intrusive utilisant les réseaux de neurones aléatoires ou RNN (Random Neural Network) (Gelenbe 1989).

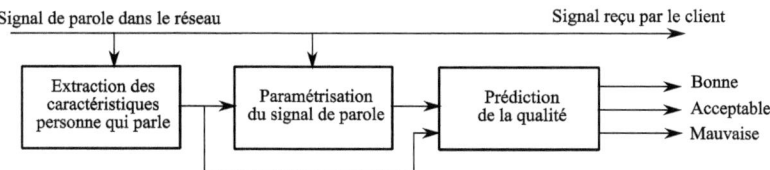

Figure 2.6 Mesure non intrusive basé sur la modélisation des cordes vocales humaines

(Gray, Hollier et al. 2000)

2.1.8. Mesure objective conversationnelle : le Modèle E

Les mesures objectives citées plus haut sont dites mono-extrémité, en ce sens qu'elles évaluent la qualité du signal à une extrémité de la chaîne de communication. En effet, la plupart des modèles objectifs sont élaborés pour être corrélés à des tests subjectifs d'écoute. Cependant, pour évaluer certaines distorsions telles que l'écho, le retard, il faut effectuer des tests conversationnels. Le modèle E est la plus populaire des mesures en contexte conversationnel. Il s'agit d'un outil d'évaluation de la qualité bout en bout dédié à l'évaluation de la qualité vocale dans les réseaux de télécommunications et également utilisé dans la planification du réseau. Il fut développé par l'ETSI et normalisé par l'UIT dans la recommandation G.107 (ITU-T 2003a). Le Modèle E est un modèle additif, c'est-à-dire que le facteur de qualité noté R est défini comme la somme de facteurs de dégradations des équipements de la chaîne de transmission. Ainsi le facteur de dégradation global R est obtenu par l'équation (2.21) :

$$R = R_0 - I_s - I_d - I_{e,\mathit{eff}} + A \qquad (2.21)$$

où R_0 est le rapport signal à bruit (incluant les bruits du circuit et les bruits acoustiques), I_s correspond à une combinaison de toutes les dégradations présentes sur le signal vocal (bruyance, bruit de quantifications...), I_d correspond aux dégradations dues au retard de propagation du signal (écho et retard), et $I_{e,\mathit{eff}}$ est l'ensemble des distorsions générées par les codecs bas débit et les pertes de paquets du réseau. Le paramètre A est le facteur d'avantage, qui permet de matérialiser l'indulgence des utilisateurs vis-à-vis du système de communication utilisé comme le téléphone filaire, le téléphone mobile...La valeur du facteur global R varie entre 0 (qualité extrêmement mauvaise) et 100 (qualité excellente). Cette valeur peut être convertie en note MOS (échelle allant de 1 à 5) suivant l'équation :

$$\begin{cases} \text{Si } R < 0, & \text{MOS} = 1 \\ \text{Si } 0 < R < 100, & \text{MOS} = 1 + 0,035R + R(R-60)(100-R) * 7.10^{-6} \\ \text{Si } R > 100, & \text{MOS} = 4,5 \end{cases} \qquad (2.22)$$

Le Modèle E fut initialement conçu pour l'évaluation de signaux bande étroite, mais une extension aux signaux à bande élargie fut développée par la suite, conduisant à une valeur maximale de R égale à 129 (Raake 2006). Plus récemment, Wältermann a proposé une nouvelle version adaptée aux signaux à bande super élargie, faisant passer la valeur maximale de R à 179 (Wältermann, Tucker *et al.* 2010).

2.2. Évaluation subjective

L'évaluation objective consiste à développer des modèles mathématiques cherchant à prédire la qualité des sons. Ils permettent de gagner du temps et ne sont pas coûteux, ce qui les rend attractifs pour la supervision de la qualité dans les réseaux. Cependant, la plupart des modèles recherchent une bonne corrélation avec les notes subjectives. De plus, la qualité des sons est un phénomène relevant de la perception humaine et est donc de nature subjective, d'où le perpétuel intérêt de conduire des tests subjectifs. La méthode d'évaluation subjective consiste à faire écouter des signaux à des personnes afin qu'elles jugent la qualité perçue. On distingue deux types d'évaluation subjective : le premier correspond au cas où la qualité est notée sur un seul axe de qualité, on parle alors de métrique unidimensionnelle. Dans le second cas, on considère la qualité comme un objet multidimensionnel, elle est alors évaluée sur plusieurs axes, et on parle, dans ce cas, de métrique multidimensionnelle.

2.2.1. Métrique unidimensionnelle

On distingue deux types de test d'évaluation unidimensionnelle : les tests d'écoute et les tests conversationnels.

2.2.1.1. Test ACR (Absolute Category Rating)

La méthode recommandée pour les tests d'écoute est celle de l'évaluation par catégorie absolue ou ACR (Absolute Category Rating). Les préparations et conditions du test ACR sont explicitement décrites dans l'annexe B de la Recommandation P.800 de l'UIT (ITU-T 1996a). Lors d'un test ACR, les auditeurs notent la qualité qu'ils perçoivent sur une échelle à valeurs entières allant de 1 (mauvaise qualité) à 5 (excellente qualité). Le Tableau 2.1 présente l'échelle de note de la méthode ACR. La note moyenne donnée par l'ensemble des auditeurs est appelée note MOS (Mean Opinion Score). Lors des tests, on doit insérer des conditions de référence, afin que les résultats de différents tests réalisés par différents laboratoires ou les résultats de tests effectués à des moments différents dans un même laboratoire puissent être comparés. Ces conditions de référence peuvent comprendre l'appareil de référence à bruit modulé (MNRU, présenté en fin de ce chapitre) conforme à la Recommandation P.810. D'autres dégradations conviennent dans d'autres cas, comme, par exemple, le rapport signal à bruit (voir la section 8.2.3 de la recommandation P.830 (ITU-T 1996c)).

Qualité de la parole	Note
Excellente	5
Bonne	4
Passable	3
Médiocre	2
Mauvaise	1

Tableau 2.1 Échelle de note de l'ACR

2.2.1.2. Test DCR (Degradation Category Rating)

Pour des signaux de meilleure qualité, la méthode ACR n'est plus adaptée, car, sur son échelle, les auditeurs ont tendance à noter de manière équivalente des signaux de qualité comparable. Ainsi, pour pallier cet inconvénient, Combescure (Combescure, Le Guyader et al. 1982) proposa une version modifiée de l'ACR, dans laquelle les signaux dégradés sont comparés avec une référence qui est le signal original. Cette méthode est appelée Degradation Category Rating (DCR). Les stimuli sont présentés par paires (A-B) ou par paires répétées (A-B-A-B), dans lesquelles A est l'échantillon de référence, généralement de bonne qualité, et B le même échantillon traité par un codec. Les échantillons A et B sont séparés d'une courte pause de 0,5 à 1 s. Dans la procédure de répétition de paires (A-B-A-B), la pause entre les deux paires doit être comprise entre 1 et 1,5 s. Pour les mêmes raisons que dans le cas du test ACR, cette méthode nécessite l'insertion de signaux de référence. Les conditions de passation des tests DCR sont détaillées dans l'annexe D de la Recommandation P.800 de l'UIT. Les auditeurs doivent noter la qualité sur une échelle à valeurs entières allant de 1 (Dégradation très gênante) à 5 (Dégradation inaudible) présentées dans le Tableau 2.2. La note moyenne des notes données par les auditeurs est appelée DMOS (Degradation Mean Opinion Score).

Qualité de la parole	Note
Dégradation inaudible	5

Dégradation audible, mais pas gênante	4
Dégradation un peu gênante	3
Dégradation gênante	2
Dégradation très gênante	1

Tableau 2.2 Échelle de note du DCR

2.2.1.3. Test CCR (Comparison Category Rating)

Comme dans le test DCR, dans le test CCR, des paires de stimuli sont présentées aux auditeurs. Au cours d'un test DCR, les auditeurs évaluent toujours l'ampleur de la *dégradation* de l'échantillon traité (deuxième échantillon) par rapport à l'échantillon non traité (premier échantillon). Dans la procédure CCR, on a, pour une même condition, la présentation des paires A-B et B-A mais l'ordre d'arrivée au cours du test est totalement aléatoire. En effet, pour l'une des moitiés des paires d'échantillons du test, l'échantillon non traité est suivi de l'échantillon traité et, pour l'autre moitié, l'ordre est inversé. Les auditeurs utilisent l'échelle présentée dans le Tableau 2.3 pour évaluer la qualité du deuxième échantillon par rapport à celle du premier. La méthode CCR permet d'évaluer des systèmes améliorant la qualité du signal original, ce que la méthode DCR n'est pas en mesure de réaliser. La moyenne des notes des auditeurs est exprimée par la note CMOS (Comparison MOS). L'annexe E de la Recommandation P.800 de l'UIT décrit la méthode CCR.

Qualité de la parole	Note
Bien meilleure	3
Meilleure	2
Légèrement meilleure	1
À peu près équivalente	0
Un peu moins bonne	-1
Moins bonne	-2
Beaucoup moins bonne	-3

Tableau 2.3 Échelle de notes du CCR

2.2.1.4. Test ABX

La méthode ABX fut proposée par Clark dans (Clark 1982) et normalisée à l'UIT dans la Recommandation BS.1116-1 (ITU-R 1997). Durant un test ABX, on présente aux auditeurs des triplets A-B-X. Les échantillons A et B étant deux versions d'un signal, il est demandé aux auditeurs de dire lequel de ces 2 échantillons correspond à l'échantillon X. En effet, l'échantillon X est appelé référence connue, et cette même référence est cachée en A ou B : on parle ici de référence cachée. Les auditeurs doivent quantifier, sur une échelle continue, la dégradation entre A et X, puis celle entre B et X. Le test ABX est adapté à l'évaluation de signaux de très bonne qualité. Par conséquent, les auditeurs doivent être « experts », c'est-à-dire entraînés pour de tels tests subjectifs.

2.2.1.5. Test MUSHRA (MUlti Stimulus test with Hidden Reference and Anchor)

Le test MUSHRA est dédié à l'évaluation de signaux de qualité intermédiaire, et fut normalisé dans la Recommandation BS.1534 de l'UIT (ITU-R 2003). Dans ce test, on utilise une référence connue et des signaux à évaluer parmi lesquels se trouve la référence. Les locuteurs doivent juger la qualité des stimuli (échantillons) sur une échelle continue allant de 0 à 100 comme présentée sur le Tableau 2.4. Ils doivent, dans un premier temps, identifier la référence cachée dont la note de qualité sera fixée à 100, puis ils notent la qualité des autres signaux.

Qualité de la parole	Note
Excellente	80 -100
Bonne	60 - 80
Passable	40 - 60
Médiocre	20- 40
Mauvaise	0 - 20

Tableau 2.4 Échelle de notes du MUSHRA

2.2.1.6. Tests subjectifs dans le contexte conversationnel

Les tests conversationnels évaluent la qualité d'une communication téléphonique entre deux personnes. Au cours de ces tests, on simule les conditions réelles d'une communication d'un système téléphonique que l'on souhaite évaluer. Leur intérêt est qu'ils permettent d'évaluer des défauts plus liés aux conversations tels que l'écho, les pertes de paquets...

Le test implique des paires de testeurs, chacun assis dans une salle insonorisée munie du système de communication à évaluer. La Figure 2.7 présente le principe du test conversationnel. Les sujets passant le test sont soit « naïfs » soit « experts » selon le type de communication à évaluer.

Lors du test, il est demandé aux testeurs d'évaluer la qualité de la conversation suivant deux types échelles :
- l'échelle d'appréciation subjective,
- l'échelle de difficulté.

Il existe plusieurs sortes d'échelles d'appréciations subjectives dont la plus utilisée pour les applications de l'UIT-T est celle évaluant la qualité globale de la connexion lors de la conversation. Le Tableau 2.5 présente les labels de cette échelle qui, comme on peut le remarquer, est semblable à celle du test ACR. La moyenne arithmétique des notes données par les testeurs est dénommée MOS_C.

Qualité de la conversation	Note
Excellente	5
Bonne	4
Passable	3
Médiocre	2
Mauvaise	1

Tableau 2.5 Échelle de notes concernant la qualité d'une conversation

L'échelle de difficulté est une échelle binaire sur laquelle les testeurs sont amenés à répondre à la question suivante : « Avez-vous éprouvé des difficultés pour parler ou écouter durant cette connexion ? ». Les testeurs répondent tout simplement par « Oui » (1) ou « Non » (0). Le pourcentage de réponses « Oui » est appelé pourcentage de difficulté et désigné par le symbole %D. Généralement, les opérateurs ne se contentent pas de la réponse binaire ; ils demandent également aux testeurs de décrire la difficulté perçue. Les détails sur les tests subjectifs conversationnels sont disponibles dans la recommandation UIT-T P.800 (ITU-T 1996a).

Si les tests conversationnels sont plus précis, leur mise en place est plus complexe et plus coûteuse. C'est la raison pour laquelle les tests d'écoute sont les plus utilisés dès lors que cela est possible. Guéguin *et al.* présentent dans (Guéguin, Le Bouquin Jeannes *et al.* 2006) une étude visant à faire le lien entre les tests d'écoute et les tests conversationnels.

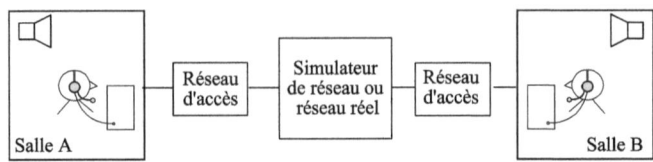

Figure 2.7 Dispositif d'évaluation subjective conversationnelle (ITU-T 2007b)

2.2.2. Métrique multidimensionnelle

Les tests unidimensionnels se basent sur le fait que la qualité vocale est un phénomène unidimensionnel. Certains auteurs ont proposé des méthodes d'évaluation de la qualité de la parole en partant de l'hypothèse de sa nature multidimensionnelle (Voiers 1977).

2.2.2.1. DAM (Diagnostic Acceptability Measure)

L'évaluation multidimensionnelle débuta dans les années 1970 avec le DAM (Diagnostic Acceptability Measure) proposé par Voiers. Ce test consiste à faire évaluer l'acceptabilité et la qualité de signaux vocaux dégradés par des systèmes de télécommunications. Cette évaluation est faite par des testeurs entraînés qui donnent des notes sur 20 échelles, celles-ci pouvant être regroupées selon 3 catégories : la qualité du signal, celle du bruit de fond et la qualité globale. Ces échelles sont continues et varient de 0 à 100. Sur les 20 échelles, 10 sont dédiées à l'évaluation perceptive de la qualité du signal proprement dit, 7 à l'évaluation de la qualité du bruit de fond et 3 à la qualité globale. Ainsi, les testeurs se focalisent successivement sur chaque catégorie de qualité, ce qui permet de juger avec plus de précision. La moyenne pondérée des notes individuelles donne une note composite de la condition à évaluer. Les études réalisées par Voiers ont montré que la qualité de la parole dans les systèmes de communication peut être décrite par 6 attributs (flottant, aigu, sourd, interrompu, nasal) pour la qualité du signal proprement dit et 4 attributs pour le bruit de bruit de fond (sifflement, grincement, bourdonnement, babillage).

Les échelles utilisées dans le DAM ne sont pas orthogonales, et certaines sont même très corrélées. Ainsi, dans l'optique de concevoir un modèle objectif de l'évaluation globale de la qualité de la parole, D. Sen utilisa une ACP (Analyse en Composantes Principales) ainsi que la technique MDS (MultiDimensional Scaling) afin d'extraire des dimensions orthogonales pour décrire la qualité de la parole (Sen 2002). Il trouva 3 principales dimensions orthogonales, dont les deux premières comptent pour 70% de la variance expliquée et la troisième pour 10%. Ces dimensions furent ensuite identifiées en utilisant les attributs du DAM présentant une bonne corrélation avec les dimensions. Ces attributs ont pu être classifiés en deux catégories : distorsions spectrales et temporelles.

2.2.2.2. Recommandation P.835 de l'UIT-T

Tout comme le DAM, la Recommandation P.835 de l'UIT (ITU-T 2003) décrit une méthodologie multidimensionnelle d'évaluation de la qualité des systèmes de rehaussement de la parole. En effet, les systèmes de réduction de bruit introduisent des distorsions dans le signal à traiter surtout dans les portions présentant un faible rapport signal à bruit. Par conséquent, lorsque l'on demande à un testeur d'évaluer la qualité d'un signal ayant été traité par un réducteur de bruit, il est difficile de savoir si son évaluation s'est basée sur la distorsion du signal, sur la présence d'un bruit résiduel ou sur les deux. Ainsi, dans la recommandation P.835, pour réduire ces biais, il est demandé aux testeurs d'évaluer la qualité du signal traité suivant 3 axes : la distorsion, le bruit et la qualité globale sur des échelles catégorielles allant de 1 à 5 présentées dans le Tableau 2.6. Chaque échantillon du test comporte trois phrases ou sous-échantillons correspondant respectivement aux signaux permettant l'évaluation des 3 axes. Chaque sous-échantillon est suivi d'une période de silence suffisamment longue pour permettre aux testeurs d'attribuer une note au sous-échantillon qu'ils viennent d'écouter.

Qualité du signal	Notes	Qualité du bruit de fond	Notes	Qualité globale	Notes
Dépourvu de distorsion	5	Imperceptible	5	Excellent	5
Légèrement distordu	4	Légèrement imperceptible	4	Bon	4
Quelque peu distordu	3	Perceptible, mais gênant	3	Passable	3
Assez distordu	2	Quelque peu gênant	2	Médiocre	2
Très distordu	1	Très gênant	1	Mauvais	1

Tableau 2.6 Échelle d'évaluation des 3 axes de la recommandation ITU-T P.835

2.2.2.3. Évaluation multidimensionnelle de la qualité vocale dans les systèmes de télécommunications

La plupart des auteurs utilisent une analyse multidimensionnelle généralement basée sur des matrices de dissimilarités. Ces matrices correspondent aux notes de dissimilarités que donnent les testeurs aux paires de stimuli (échantillons à évaluer) lors de tests de dissimilarités.

J.L. Hall a utilisé la technique statistique multidimensionnelle pondérée INDSCAL (INdividual Difference SCALing) lors d'une de ses études visant à concevoir des signaux d'ancrage pour les codecs de la parole uniquement (ADPCM, RPE-LTP, CELP, RCELP). Il a montré que les codecs de la parole peuvent être projetés dans un espace perceptif à trois dimensions : « le naturel », « la bruyance » et « la limitation de la largeur de bande ».

De même, Mattila a réalisé une analyse INDSCAL pour étudier la qualité de transmission de la parole entachée par un bruit de voiture via le canal des réseaux mobiles (Mattila 2002). Cette étude a mis en évidence un espace perceptif à quatre dimensions dont les axes ont été étiquetés par les attributs qualitatifs suivants : « limitation de la largeur de bande », « naturel / synthétique / ébullition », « lisse / fluctuant / interrompu », et « bruyance ».

Dans le but d'élaborer un modèle objectif de l'évaluation de la qualité vocale dans les communications VoIP, les études de Wältermann et al. (Wältermann, Raake et al. 2006) ont conclu à un espace perceptif à trois dimensions : « limitation de la largeur de bande », « continuité » et « bruyance ».

Le modèle objectif intrusif pour l'évaluation de la qualité des signaux à bande super élargie, DIAL (Diagnostic Instrumental Assessment of Listening quality), proposé par Côté est basé sur un espace perceptif à quatre dimensions . « contenu fréquentiel », « continuité », « bruyance » et « sonie » (Côté, Koehl et al. 2010).

Plus récemment, A. Leman et al. (Leman 2012) ont développé un modèle hybride (dont les indicateurs sont basés à la fois sur les caractéristiques du signal et les statistiques du réseau) de mesure objective de l'évaluation de la qualité vocale dans les systèmes de télécommunications. Ce modèle, dénommé DESQHI, est basé sur un espace perceptif à trois dimensions qualifiées respectivement par les attributs « bruyance », « coloration » et « continuité ».

Etame et al. (Etame 2008) dont les travaux visaient à remplacer le MNRU (ITU-T 1996b) ont montré que les défauts intrinsèques des codecs de la parole et du son peuvent être projetés dans un espace perceptif à quatre dimensions qualifiées respectivement par les attributs « limitation de la largeur de bande », « bruit de fond », « bruit sur la parole » et « sifflement ».

Le Tableau 2.7 résume les résultats obtenus par les études présentées précédemment en précisant les attributs utilisés par leurs auteurs pour décrire les différentes dimensions.

Auteurs	Systèmes	Bruyance	Bruit sur la parole	Continuité	Naturel	Clarté	Sifflement	Codage de la parole	Coloration	Basse fréquence	Haute fréquence	Précision, finesse
McGee (McGee 1965)	Filtre									X	X	
Gabrielsson (Gabrielsson and Sjögren 1979)	Haut-parleur	X				X			X			X
Bappert (Bappert and Blauert 1994)	Codecs NB					X			X			
Petersen (Petersen, Hansen et al. 1997)	Codecs NB	X		X			X			X	X	
Hall	Codecs NB	X			X				X			
Mattila	GSM & Bruit	X		X	X				X			
Bernex	VoIP	X		X	X							
Etame	Codecs WB	X	X				X			X	X	
Wältermann	VoIP&GSM	X		X					X			
Leman	VoIP, RTC, RNIS, GSM	X		X				X				

Tableau 2.7 Exemples d'analyse multidimensionnelle de la qualité de la parole

2.2.3. Évaluation subjective de l'intelligibilité

L'intelligibilité mesure de manière subjective la qualité de compréhension d'un échantillon de parole. Les évaluations de l'intelligibilité les plus connues sont le DRT (Diagnostic Rhyme Test) et le MRT (Modified Rhyme Test).

2.2.3.1. DRT

Le DRT (Voiers 1983) introduit par Fairbanks en 1958 est l'une des normes ANSI (American National Standards Institute) servant à mesurer l'intelligibilité de la parole sur les systèmes de communication. La procédure du DRT est totalement décrite dans la référence ANSI S3.2-1989 (American-National-Standards-Institute 1989).

Le test comprend 96 paires de mots monosyllabiques rimant et qui diffèrent acoustiquement uniquement de par leur consonne initiale. Ces mots sont classés en six caractéristiques phonétiques parmi lesquelles on peut citer le voisement, la nasalité, la compacité... Dans un premier temps, on présente visuellement aux testeurs une paire de mots, puis on leur fait écouter de manière aléatoire l'un des deux mots. Il leur est ensuite demandé d'indiquer lequel des deux mots ils pensent avoir entendu. La moyenne des 6 scores (pour chaque classe) fournit la mesure globale de l'intelligibilité.

À partir du DRT, deux tests ont été conçus : le DMCT (Diagnostic Medial Consonant Test) et le DALT (Diagnostic ALliteration Test) où la différence entre les mots d'une même paire porte respectivement sur les consonnes intervocaliques et sur les consonnes finales.

2.2.3.2. MRT

Le MRT (House, Williams *et al.* 1965) permet d'enrichir le DRT en évaluant également l'intelligibilité des consonnes finales. Le test comporte 50 groupes de 6 mots monosyllabiques, dont 25 se distinguent par leur consonne initiale et 25 autres par leur consonne finale. Chaque groupe de 6 mots est présenté préalablement aux testeurs, puis on leur fait écouter un des mots choisis aléatoirement. Tout comme dans le DRT, on leur demande d'indiquer le mot qu'ils pensent avoir entendu.

Les codeurs de la parole causent généralement des distorsions du signal original impactant essentiellement « le naturel » du signal codé (surtout pour les codecs à débits moyens) tout en conservant son intelligibilité. Aussi, l'évaluation de l'intelligibilité est-elle très rarement utilisée dans le cadre de l'évaluation subjective de la qualité des codecs de la parole. Toutefois, pour des codecs ayant un très bas débit, l'intelligibilité n'est pas toujours assurée. Ainsi, McLoughlin *et al.* utilisèrent le CDRT (Chinese Diagnostic Rhyme Test) proposé par Li *et al.* (Li, Tan *et al.* 2000) dans le cadre de l'évaluation de l'intelligibilité du codec GSM 06.10 pour le mandarin (McLoughlin, Ding *et al.* 2002).

2.3. Les signaux d'ancrage

2.3.1. Définition

En raison de la nature subjective de la parole, l'évaluation la plus fiable de sa qualité reste subjective. Cependant, celle-ci requiert l'utilisation de signaux d'ancrage comme indiqué dans la description des méthodes ACR, DCR... Ces signaux de référence sont utiles pour les raisons suivantes :
- aider les sujets dans les tâches de notation grâce à des points d'ancrage perceptifs,
- permettre la comparaison des résultats obtenus par un laboratoire à des instants différents,
- permettre la comparaison des résultats obtenus par différents laboratoires.

Un signal de référence est un signal artificiel visant à reproduire un défaut perceptif. Pour ce faire, on applique une ou des transformations au signal original. Les dégradations générées doivent être facilement contrôlables afin de pouvoir calibrer l'axe de la dimension à noter.

Soit $\Gamma = (s_1, s_2, ..., s_n)$ un ensemble de n échantillons à évaluer. Lors d'un test subjectif, si l'on demande aux testeurs d'évaluer ces échantillons, en raison de la subjectivité de la tâche, les résultats différeront de manière assez sensible. Cependant, si l'on présente l'ensemble $\tilde{\Gamma} = (s_1, s_2, ..., s_n, a_1, a_2, ..., s_p)$ où $(a_1, a_2, ..., s_p)$ est un ensemble de p signaux d'ancrage adaptés aux défauts des stimuli à évaluer et convenablement choisis, la disparité des notes données par les différents testeurs sera considérablement réduite. En effet, chaque testeur a ses propres références, ce que Chan *et al.* (Chan and Yiu 2002) appellent références internes. Ils montrent d'ailleurs dans (Chan and Yiu 2002) que l'utilisation couplée de signaux de référence et de phase d'apprentissage augmente la fiabilité des résultats de l'évaluation subjective. D'autre part, Soh et Iai ont démontré que l'utilisation de plusieurs signaux d'ancrage lors de l'évaluation subjective de la qualité audiovisuelle améliore la reproductibilité et la sensibilité des tests subjectifs (Soh and Iai 1994).

Pour évaluer la qualité d'un signal ayant subi une réduction de sa bande spectrale, on peut par exemple utiliser comme signal d'ancrage le signal original traité par un filtre passe-bas. Le paramètre permettant de contrôler la quantité de dégradation (ici la perte des hautes fréquences) est évidemment la fréquence de coupure du filtre. Par ailleurs, pour évaluer des signaux bruités par du bruit additif, on peut utiliser comme signal d'ancrage le signal original bruité par un bruit blanc gaussien, le RSB étant le paramètre de contrôle.

2.3.2. Le signal d'ancrage MNRU (Modulated Noise Reference Unit)

Le signal d'ancrage MNRU est normalisé dans la Recommandation P.810 de l'UIT (ITU-T 1996b). Il fut proposé pour la première fois par Law et Seymour dans (Law and Seymour 1962) et conçu pour modéliser le bruit de quantification généré par le codage MIC (codec G.711). L'algorithme du MNRU consiste à rajouter du bruit modulé au signal original.

Considérons la Figure 2.8 représentant le principe du MNRU en bande étroite. Soit $x(k)$ un signal original, le signal $y(k)$ généré par le MNRU est défini par l'équation (2.23) :

$$y(k) = \left[G_s x(k) + G_n x(k) n(k) \right] * h(k). \tag{2.23}$$

où G_s et G_n sont respectivement le gain du trajet du signal et celui du bruit. La variable $n(k)$ correspond à du bruit gaussien unitaire. La réponse impulsionnelle $h(k)$ du filtre passe-bande en sortie du système dépend de l'application visée.

Supposons que $|H(f)| = 1$ dans la bande passante du filtre, le rapport signal à bruit Q est, par définition :

$$Q = 10 \log \left(\frac{\sigma_\xi^2}{\sigma_v^2} \right) = 10 \log \left(\frac{E\left[\xi^2(k) \right]}{E\left[v^2(k) \right]} \right)$$

où σ_ξ^2 et σ_v^2 désignent respectivement la puissance du signal et celle du bruit. On peut réécrire l'équation ci-dessus sous la forme :

$$Q = 10 \log \left(\frac{G_s^2 E\left[x^2(k) \right]}{G_n^2 E\left[x^2(k) \cdot n^2(k) \right]} \right) = 10 \log \left(\frac{G_s}{G_n} \right) + 10 \log \left(\frac{E\left[x^2(k) \right]}{E\left[x^2(k) \cdot n^2(k) \right]} \right).$$

Comme le signal x et le bruit n sont décorrélés et que n est gaussien centré et de variance unité, on a :

$$Q = 10 \log \left(\left(\frac{G_s}{G_n} \right)^2 \right) + 10 \log \left(\frac{\sigma_x}{\sigma_x \sigma_n} \right) = 10 \log \left(\left(\frac{G_s}{G_n} \right)^2 \right) - 10 \log(\sigma_n).$$

Finalement :

$$Q = \Gamma_s + \Gamma_n$$

où $\Gamma_s = 20 \log(G_s)$ et $\Gamma_n = -20 \log(G_n)$.

Si l'on fixe $G_s = 1$, on a $Q = \Gamma_n$. Comme $G_n = 10^{\frac{-\Gamma_n}{20}}$, on en déduit que :

$$G_n = 10^{\frac{-Q}{20}}. \tag{2.24}$$

L'équation (2.23) devient alors :

$$y(k) = \left[x(k) + 10^{\frac{-Q}{20}} x(k) n(k) \right] * h(k). \tag{2.25}$$

Dans la bande passante du filtre l'équation (2.25) est approximativement équivalente à :

$$y(k) = \left[x(k) + 10^{\frac{-Q}{20}} x(k) n(k) \right]. \tag{2.26}$$

Pour obtenir une version bande élargie du MNRU il suffit d'utiliser un filtre passe-bande dont la largeur de bande est [50 Hz – 7000 Hz].

On distingue 3 modes de fonctionnement du MNRU :
– lorsque G_s et G_n sont non nuls, on parle de mode opérationnel,
– lorsque $G_s = 0$, on parle de mode « noise-only mode »,
– lorsque $G_n = 0$, on parle de mode « signal-only-mode ».

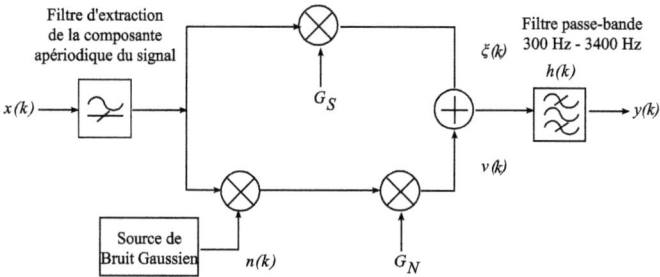

Figure 2.8 MNRU en bande étroite

2.4. Conclusion

La qualité vocale peut être évaluée par des méthodes subjectives et/ou objectives. Bien que les méthodes objectives permettent un gain de temps, les méthodes subjectives restent les plus fiables, la perception sonore et vocale étant un phénomène subjectif. De plus, les modèles objectifs les plus aboutis cherchent à corréler les résultats fournis par les tests subjectifs. Cependant, comme les testeurs ont des expériences et des perceptions qui diffèrent, leur évaluation peut être très différente. Aussi, afin de minimiser les disparités, insère-t-on très souvent des signaux d'ancrage, c'est-à-dire des signaux artificiels permettant de fixer des points de référence. Ces signaux visent à reproduire le ou les défauts que l'on cherche à évaluer. Le système de référence usuellement utilisé est le MNRU qui reproduit le bruit de quantification des codecs par forme d'onde. Toutefois, ce système est aujourd'hui obsolète dans la mesure où la complexité des techniques de codage s'est largement accrue au fil des années. Notre travail de recherche vise donc à créer un nouveau système d'ancrage qui soit à même de prendre en compte les différentes distorsions présentes dans les codecs contemporains. Si le MNRU suppose une qualité vocale unidimensionnelle, notre étude se base sur un modèle multidimensionnel, dont les dimensions feront l'objet du prochain chapitre.

Chapitre 3

Analyse statistique multidimensionnelle

Stipulant une nature multidimensionnelle de la qualité vocale, nous nous sommes intéressés à des techniques de réduction de dimensions ayant pour objectif d'extraire les dimensions essentielles pouvant décrire la qualité des codeurs de parole. Ces techniques visent à identifier les dimensions de l'espace perceptif dans lequel les codecs étudiés peuvent être projetés. Ces dimensions correspondent en effet aux défauts perceptifs introduits par les techniques de codage, implémentées dans ces codecs.

Dans un premier temps, nous étudierons la technique MDS (MultiDimensional Scaling) 3-voies (basée sur plusieurs matrices de dissimilarités) couramment rencontrée dans la littérature. On distingue plusieurs modèles de MDS 3-voies dont le modèle INDSCAL. Celui-ci a été utilisé par des auteurs comme Hall et Mattila (Hall 2001 ; Mattila 2002) dans le cadre de l'évaluation de la qualité des codecs de parole. Nous présenterons dans ce chapitre deux algorithmes permettant de réaliser ce modèle, les algorithmes ALSCAL (Alternating Least square SCALing) et PROXSCAL (PROXimity SCALing). Ces deux techniques étant itératives, elles peuvent être confrontées au problème de minima locaux. Aussi, présenterons-nous, dans un second temps, une approche non itérative, l'AFM (Analyse Factorielle Multiple), qui est une technique basée sur une double ACP (Analyse en Composantes Principales) permettant de projeter plusieurs tableaux dans un espace commun. Nous verrons que cette technique peut, moyennant quelques transformations, s'appliquer à des matrices de dissimilarités. Suite à cette étape de réduction de dimensions (par les approches introduites ci-dessus), il paraît intéressant d'appliquer une technique de classification sur les coordonnées de l'espace de projection afin d'obtenir une visualisation graphique des données sous forme de catégories. Nous concluons donc ce chapitre par la présentation de techniques de classifications non supervisées telles que les classifications hiérarchiques et la classification par partitionnement (k-means).

3.1. MDS

La MDS (MultiDimensional Scaling) est une technique d'analyse exploratoire des (dis)similarités d'un ensemble d'objets ou stimuli. Elle permet de projeter ces objets dans un espace à faible dimension, de sorte que les distances entre les points représentant les stimuli dans l'espace de projection approchent au mieux leurs dissimilarités initiales. Cela permet donc de visualiser graphiquement les stimuli étudiés dans un espace géométrique de faible dimension.

Il existe plusieurs types de MDS qui se distinguent suivant la manière dont la correspondance entre les dissimilarités initiales des objets et les distances entre les points les représentant dans l'espace de projection est réalisée.

3.1.1. Définitions

3.1.1.1. Les types de données et échelles de mesure

Les données sont regroupées en deux grandes catégories : les données qualitatives et les données quantitatives. Les données qualitatives aussi appelées données catégorielles désignent des données non quantifiables. Les données quantitatives sont quant à elles quantifiables et peuvent être discrètes ou continues selon que les valeurs qu'elles prennent appartiennent à un ensemble de valeurs fini ou non. L'étude statistique des données repose essentiellement sur des mesures permettant leur comparaison. On distingue quatre principales échelles de mesure (Stevens 1959) décrites ci-après.

3.1.1.2. L'échelle nominale

Ce type d'échelle est utilisé en général pour les variables dites qualitatives. Cette mesure différencie les données en leur attribuant des étiquettes ou "labels" (numéros, lettres, noms, ...) distincts. On pourra remarquer que la différence entre les catégories ne peut être quantifiée. Cependant, une des méthodes de comparaison est l'évaluation du cardinal de chaque catégorie. Par exemple, une classe d'étudiants peut être subdivisée en 2 groupes : celui des filles et celui des garçons. Il n'existe aucune relation d'ordre ou de distance entre les labels « fille » et « garçon ». En revanche, on peut comparer ces deux groupes via leur cardinal.

3.1.1.3. L'échelle ordinale

L'échelle ordinale vise à classifier les données selon leur rang. Cette échelle se situe à un niveau supérieur à celui de l'échelle nominale dans la mesure où elle apporte une information supplémentaire sur le rang. Dans l'exemple précédent, on ne peut pas affirmer que la catégorie « fille » est supérieure ou non à la catégorie « garçon ». Prenons l'exemple d'un enseignant qui classe ses élèves en 3 groupes : les bons, les moyens et les mauvais. On peut dire que les bons sont plus proches du groupe des moyens que du groupe des mauvais. Cependant, on ne peut pas quantifier l'écart entre ces 3 groupes.

3.1.1.4. L'échelle intervalle

Elle est conseillée lorsque la différence entre deux données a un sens. Contrairement à l'échelle ordinale, elle apporte une information sur la différence entre deux données, mais ne possède pas de zéro absolu (cette échelle rend des valeurs positives et négatives). En prenant l'exemple de la mesure de la température, le zéro sur l'échelle Celsius et Fahrenheit n'est pas le même.

3.1.1.5. L'échelle rapport ou ratio

À la différence de l'échelle intervalle, l'échelle ratio présente un seuil à zéro. Le Tableau 3.1 et la Figure 3.1 dressent un récapitulatif des différentes échelles de mesures et de leurs relations. On peut remarquer que les 4 échelles sont classées dans un ordre ascendant de précision.

	Indication sur la différence	Sens de la différence	Quantité de différence	Zéro absolu
Nominal	X			
Ordinal	X	X		
Intervalle	X	X	X	
Ratio	X	X	X	X

Tableau 3.1 Récapitulatif des différentes échelles de mesure

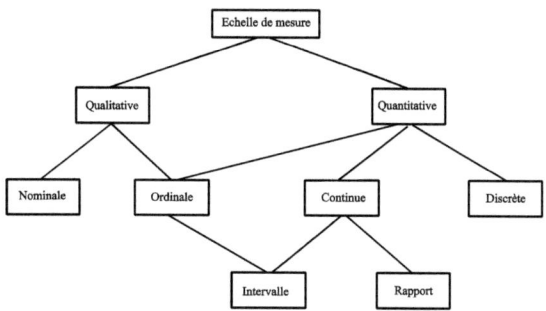

Figure 3.1 Relations entre les types de données et les échelles de mesure

3.1.2. Les dissimilarités

3.1.2.1. Quelques définitions

Soit Ω un ensemble de n objets. L'application d définie sur le produit cartésien $\Omega \times \Omega$ dans $\mathbb{R}^+$ est une dissimilarité si et seulement si elle vérifie les propriétés suivantes :

$(P_1) \quad \forall (x,y) \in \Omega^2, d(x,y) \geq 0 \quad (positivité)$

$(P_2) \quad \forall x \in \Omega, d(x,x) = 0$

$(P_3) \quad \forall x \in \Omega, d(x,y) = d(y,x) \quad (symétrie)$

La *dissimilarité* entre deux objets est la matérialisation de leur différence. On peut définir de façon duale la notion de *similarité* traduisant par opposition leur degré de similitude. La similarité s est une application du produit cartésien $\Omega \times \Omega$ dans $\mathbb{R}^+$ qui vérifie les propriétés (P_1) et (P_3) ainsi que la propriété (P_2^*) traduisant la propriété de *maximalité*

$(P_2^*) \quad \forall (x,y) \in \Omega^2, s(x,x) \geq s(x,y)$.

Soit s une similarité de $\Omega \times \Omega$, on peut lui associer une dissimilarité δ définie par :

$\forall (x,y) \in \Omega^2, \delta(x,y) = \max(s(x,x), s(y,y)) - s(x,y)$.

Il existe d'autres types de transformations permettant le passage de similarité à dissimilarité :

- $\forall (x,y) \in \Omega^2, \delta(x,y) = s_{max} - s(x,y)$,

où $s_{max} = s(x,x)$ est la valeur maximale que peut prendre la similarité,

- $\forall (x,y) \in \Omega^2, \delta(x,y) = c - s(x,y)$ où c est une constante,

- $\forall (x,y) \in \Omega^2, \delta(x,y) = \sqrt{2(1 - s(x,y))}$.

On peut montrer que δ vérifie les propriétés (P_1), (P_2) et (P_3).

Une dissimilarité est dite propre si elle vérifie la quatrième propriété suivante :

$(P_4) \quad \forall (x,y) \in \Omega^2, d(x,y) = 0 \Rightarrow x = y$.

Une dissimilarité propre de Ω est appelée distance si elle respecte l'inégalité triangulaire :

$(P_5) \quad \forall (x,y,z) \in \Omega^3, d(x,y) \leq d(x,z) + d(y,z)$.

3.1.2.2. Coordonnées de la MDS

Supposons que l'on étudie les dissimilarités d'un ensemble de n stimuli distincts. Soit $\Delta = (\delta_{ij}) \in \mathbb{R}^{n \times n}$ leur matrice de dissimilarités. La variable δ_{ij} désigne la dissimilarité entre les stimuli d'indices i et j.

La MDS vise à représenter ces objets dans un espace à p dimensions $(p \ll n)$ de sorte que les distances entre les points qui les représentent approchent au mieux leurs dissimilarités initiales. Le stimulus i dans cet espace est représenté par le p-uplet $(x_{i1}, x_{i2}, \cdots, x_{ip})$ où x_{ik} est sa coordonnée sur la $k^{ème}$ dimension. Nous désignerons par $X = (x_{ij}) \in \mathbb{R}^{n \times p}$ la matrice des coordonnées de l'ensemble des objets dans l'espace de projection, la $i^{ème}$ ligne de X représentant les coordonnées du stimulus i.

3.1.2.3. La distance

Soit X_i la $i^{ème}$ ligne de X, la matrice de coordonnées d'un ensemble de stimuli dans un espace de projection p-dimensionnel, $\forall i \in \{1, 2, \cdots n\}$, $X_i = (x_{i1}, x_{i2}, \cdots, x_{ip})$. La distance entre les points i et j de l'espace est définie par $d(X_i, X_j)$. Les distances utilisées pour représenter les objets dans l'espace de projection sont appelées distances de Minkowski issues de la famille des normes L_q où $q \in \mathbb{N} \cap [1, +\infty[$. Elles sont définies comme suit :

$$\forall (i,j) \in \{1, 2, \cdots n\}^2, \ d(X_i, X_j) = \left(\frac{1}{p} \sum_{k \leq p} |x_{ik} - x_{jk}|^q \right)^{\frac{1}{q}}. \tag{3.1}$$

- Lorsque, $q = 1$ il s'agit de la distance Manhattan ou « City block distance » :

$$d(X_i, X_j) = \frac{1}{p} \sum_{k \leq p} |x_{ik} - x_{jk}|. \tag{3.2}$$

- Lorsque $q = 2$, il s'agit de *la distance euclidienne* :

$$d(X_i, X_j) = \sqrt{\sum_{k \leq p} \frac{1}{p} (x_{ik} - x_{jk})^2}. \tag{3.3}$$

- Lorsque $q = +\infty$, il s'agit de la *distance du sup* :

$$d(X_i, X_j) = \sup_{1 \leq k \leq p} |x_{ik} - x_{jk}|. \tag{3.4}$$

3.1.3. Les modèles de MDS

Dans le processus de MDS, les dissimilarités initiales sont préalablement transformées en disparités par une fonction $\psi(\cdot)$. La nature de cette fonction détermine le type de MDS. Selon que $\psi(\cdot)$ est linéaire ou non, la MDS est qualifiée respectivement de métrique et non métrique. En réalité, la MDS implémente un algorithme itératif visant à déterminer la configuration X permettant de rendre la matrice des distances inter-points $D(X)$ la plus proche de $\psi(\Delta)$.

3.1.3.1. MDS métrique

Comme précisé ci-dessus, la MDS métrique correspond au cas où la fonction $\psi(\cdot)$ est linéaire. On peut alors l'écrire sous la forme suivante :

$$\psi(\delta_{ij}) = \alpha \cdot \delta_{ij} + \beta. \tag{3.5}$$

Selon les valeurs de α et β on distingue différentes variantes de la MDS métrique :

$$\begin{cases} \psi(\delta_{ij}) = \delta_{ij} & \Leftrightarrow \text{MDS absolue} \\ \psi(\delta_{ij}) = \alpha \cdot \delta_{ij} & \Leftrightarrow \text{MDS rapport} \\ \psi(\delta_{ij}) = \alpha \cdot \delta_{ij} + \beta & \Leftrightarrow \text{MDS intervalle} \end{cases}.$$

3.1.3.2. MDS non métrique

Dans le cas où la fonction $\psi(\cdot)$ est simplement monotone, la MDS est de type non métrique ou ordinale. Ce type de MDS est utilisé lorsqu'on étudie des objets dont on ne prend en compte que l'ordre. Si l'on note d_{ij}^* la disparité correspondant à la dissimilarité δ_{ij}, l'objectif de la MDS non métrique est de trouver une configuration X telle que :

$$\forall (i, j, k, l) \in \{1, \cdots n\}^4, \ d_{ij}(X) < d_{kl}(X) \Leftrightarrow d_{ij}^* < d_{kl}^*.$$

On constate qu'il existe une infinité de modèles de MDS non métrique. L'un des modèles les plus courants est le modèle logarithmique utilisé dans le domaine de la psychologie :

$$\psi(\delta_{ij}) = \alpha \cdot \log(\delta_{ij}) + \beta. \tag{3.6}$$

3.1.4. MDS multiple

Dans le cas de la MDS multiple, nous disposons non plus d'une seule matrice de dissimilarités, mais de plusieurs matrices de dissimilarités (provenant de plusieurs sources). Nous introduisons alors la notion de MDS 3-voies. Il s'agit d'une MDS faite sur plusieurs matrices de dissimilarités d'où le troisième axe (ou voie) représentant les sources (individus). Dans la suite, nous ajouterons donc un troisième indice k à nos variables pour indiquer l'indice de sa source. Dans la MDS multiple les individus sont différenciés via le poids associé aux dimensions de leur espace de projection individuel. Ces poids aussi appelés poids psychologiques sont déterminés à partir des coordonnées des stimuli dans l'espace perceptif individuel. Plus ce poids est grand, plus la dimension est jugée importante par l'individu.

Nous notons W_k la matrice des poids accordés par chaque individu k aux dimensions. La MDS multiple détermine l'espace de projection X en minimisant l'erreur d'approximation itérativement via deux principaux algorithmes : ALSCAL (Alternating Least-Squares SCALing) (Takane 1976) et PROXimity SCALing (PROXSCAL) (Heiser 1993).

3.1.5. ALSCAL

L'algorithme ALSCAL fonctionne sur le principe de minimisation par la méthode des moindres carrés alternés. Les étapes de l'algorithme ALSCAL sont résumées ci-dessous (Takane 1976) et détaillées dans les sections suivantes :

1) Déterminer les configurations initiales X^0 et W^0.
2) Calcul des distances et disparités de la configuration de l'itération courante.
3) Calcul du stress (*cf.* § 3.1.5.4)
   Terminer si l'un des critères d'arrêt portant sur le stress est vérifié (*cf.* § 3.1.5.5).
4) Sinon estimer une meilleure configuration X^k et W^k.
5) Aller en 3).

3.1.5.1. Configuration initiale

L'algorithme itératif ALSCAL nécessite un point de départ qui établit d'une part la configuration initiale X^0 des objets à projeter et d'autre part la matrice initiale des poids accordés par les individus, W^0. La configuration initiale influe fortement sur la convergence globale d'où son importance. Il existe plusieurs techniques de construction de la configuration initiale, mais la plus couramment utilisée et implémentée dans le logiciel de statistique d'IBM, SPSS, est celle de Torgerson décrite ci-dessous.

Soit $\Delta_k = (\delta_{ijk}) \in \mathbb{R}^{n \times n}$ la matrice de dissimilarités de la $k^{\text{ème}}$ source. Cette matrice est, dans un premier temps, transformée en $\Delta_k^* = (\delta_{ijk}^*) \in \mathbb{R}^{n \times n}$ en ajoutant une constante à chacun de ses éléments $\delta_{ijk}^* = \delta_{ijk} + c_k$. Cette opération a pour but de transformer les dissimilarités en distances, car la propriété de l'inégalité triangulaire est dès lors respectée. D'après le théorème de Young-Householder (G. Young 1938), pour prétendre obtenir une projection des objets dans un espace euclidien, il faut que les matrices B_k^* des produits scalaires des configurations initiales X_k soient semi-définies positives.

Afin de convertir les matrices de distances Δ_k^* en matrices de produits scalaires, on leur applique un opérateur de double-centrage :

$$J = Id - \frac{1}{n}\mathbf{1}^T \cdot \mathbf{1} \qquad (3.7)$$

où Id et $\mathbf{1}$ représentent respectivement les matrices identité et le vecteur unitaire de $\mathbb{R}^{n \times n}$. À l'issue du double-centrage des Δ_k^*, on obtient les matrices de produits scalaires définies comme suit :

$$B_k^{**} = -\frac{1}{2} J \Delta_k^* J. \qquad (3.8)$$

Les matrices $B_k^{**} = \left(b_{ijk}^{**}\right)$ sont ensuite normalisées pour avoir la même variance ce qui conduit aux $B_k^* = \left(b_{ijk}^*\right)$ avec :

$$b_{ijk}^* = \frac{b_{ijk}^{**}}{\left[\sum_{i \leq n}\sum_{j \leq n}\left(b_{ijk}^{**}\right)^2 / \left(n(n-1)\right)\right]^{1/2}}$$

où n est le nombre de stimuli et $n(n-1)$ est le nombre d'éléments de B_k^{**} exceptés ceux de la diagonale. La matrice B_k^* ainsi obtenue est une matrice de produits scalaires. Si m est le nombre total de sources, on définit par $B^* = \frac{1}{m}\sum_{k=1}^{m} B_k^*$ la moyenne des matrices de produits scalaires. De cette dernière matrice découle la configuration initiale $X_0 \in \mathbb{R}^{n \times p}$ vérifiant l'équation :

$$B^* = X^0 \left(X^0\right)^T. \qquad (3.9)$$

La matrice de poids de chaque source est calculée séparément. Pour chaque source k la matrice de poids est donnée par l'équation :

$$\begin{cases} B^* = Y\left(W_k^0\right)Y^T \\ Y = XR \\ RR^T = Id \end{cases} \qquad (3.10)$$

où R une matrice de rotation orthogonale calculée via la procédure de Schöneemane-de Leeuw (Young, Takane et al. 1978). La matrice de poids initiale W^0 est composée des diagonales de chacune des matrices de poids W_k des individus.

3.1.5.2. Calcul des distances

Une fois les matrices de poids et celle des coordonnées initialisées, l'algorithme calcule la distance $D(X)$ en se basant sur le modèle de distance euclidienne pondérée. En considérant l'individu k, la distance entre les objets i et j s'écrit :

$$d_{ijk}^2 = \left(d_{ij}(X_k)\right)^2 = \sum_{l=1}^{p} w_{kl} \left(x_{il} - x_{jl}\right)^2. \qquad (3.11)$$

3.1.5.3. Calcul des disparités

Cette étape consiste en la recherche d'une fonction monotone conservant l'ordre des dissimilarités par la technique des moindres carrés de Kruskal. Cette fonction doit rendre également minimale l'erreur de représentation que nous présenterons dans la section suivante.

Soit Ψ l'ensemble des fonctions monotones conservant l'ordre des dissimilarités initiales et σ_ψ l'erreur de représentation de la transformation $\psi \in \Psi$. La fonction retenue est la solution du problème d'optimisation suivant :

$$\min_{\psi \in \Psi}(\sigma_\psi). \quad (3.12)$$

Les disparités sont ensuite normalisées pour respecter les conditions qu'impose la technique des moindres carrés alternés.

3.1.5.4. Fonction erreur ou Stress

L'erreur d'approximation entre la matrice des disparités et la matrice de distances $D(X_k)$ de configuration X_k de la source k est :

$$\varepsilon_{ijk} = \left[(\psi(\delta_{ijk}))^2 - d_{ijk}^2 \right], \quad (3.13)$$

où, $d_{ijk} = d_{ij}(X_k)$. En sommant sur tous les couples de stimuli (i, j), on obtient l'erreur de représentation globale de la MDS appelée raw Stress :

$$\sigma_{rk}^2 = \sum_{1 \le i,j \le n} \varepsilon_{ijk}^2. \quad (3.14)$$

On constate que cette valeur n'est pas un bon indicateur de l'erreur, car elle est dépendante de l'échelle de mesure des dissimilarités. Par conséquent, on ne l'utilise pas directement sous cette forme, mais sous une forme normalisée. La valeur normalisée du raw Stress est :

$$\sigma_{1k}^2 = \frac{\sigma_{rk}}{\sum_{i,j}(\psi(\delta_{ijk}))^4} = \frac{\sum_{i,j}\left[(\psi(\delta_{ijk}))^2 - d_{ijk}^2\right]^2}{\sum_{i,j}(\psi(\delta_{ijk}))^4}. \quad (3.15)$$

En sommant sur l'ensemble des m sources le stress global devient :

$$\sigma_1^2 = \frac{1}{m}\sum_{k \le m}\left(\frac{\sum_{i,j}\left[(\psi(\delta_{ijk}))^2 - d_{ijk}^2\right]^2}{\sum_{i,j}(\psi(\delta_{ijk}))^4} \right). \quad (3.16)$$

Dans la pratique, c'est la racine carrée qui utilisée. Cette valeur est appelée Stress-1 (Takane 1976) ou S-Stress:

$$\sigma_1 = \sqrt{\frac{1}{m}\sum_{k \le m}\left(\frac{\sum_{i,j}\left[(\psi(\delta_{ijk}))^2 - d_{ijk}^2\right]^2}{\sum_{i,j}(\psi(\delta_{ijk}))^4} \right)}. \quad (3.17)$$

3.1.5.5. Test des conditions d'arrêt de l'algorithme

L'algorithme ALSCAL est un processus itératif qui s'arrête lorsque la différence entre le stress de l'itération courante et celui de l'itération précédente est plus petite qu'un seuil arbitrairement fixé par l'utilisateur. Sinon, il s'arrête dès que le stress de l'itération courante est plus petit qu'une certaine valeur fixée également par l'utilisateur. Lorsqu'aucune des deux conditions précédentes n'est satisfaite, l'algorithme s'arrête dès lors que le nombre maximal d'itérations (fixé par l'utilisateur) est atteint.

3.1.5.6. Estimation des poids

L'algorithme ALSCAL ne permet pas d'estimer simultanément les coordonnées des objets et les poids accordés par les individus. Ils sont estimés de manière successive grâce aux matrices de disparités pondérées D_k^*. L'algorithme estime en premier les matrices des poids. Les matrices de disparités approchent les matrices de distances inter-points des configurations X_k :

$$D_k^* \cong D(X_k) \Leftrightarrow d_{ijk}^{2*} \cong d_{ijk}^2$$

Soit $p_{ijl} = (x_{il} - x_{jl})^2$ la distance non pondérée entre les stimuli i et j :

$$d_{ijk}^* \cong d_{ijk}^2 = \sum_{l=1}^p w_{kl} p_{ijl}. \tag{3.18}$$

L'équation (3.18) au sens des matrices devient :

$$D^* \cong WP^T \tag{3.19}$$

où la matrice P correspond à la matrice des distances non pondérées entre les paires des projections des stimuli et W la matrice des poids. La matrice des poids est obtenue par l'équation suivante :

$$W = D^* P^- \tag{3.20}$$

où P^- est le pseudo-inverse de Moore-Penrose[2] (Penrose 1956) de P^T.

3.1.5.7. Estimation des coordonnées

Pour estimer les coordonnées dans la configuration X en utilisant l'estimation de la matrice de poids, on calcule la dérivée du stress par rapport à une des coordonnées x_{he} que nous allons isoler dans l'écriture du stress 1 que nous notons S. En remarquant que le dénominateur du stress 1 noté c_k est une constante, S peut être simplifié comme suit :

$$S = \left(\frac{1}{m} \sum_{k \leq m} \left(\frac{\sum_{i,j} \left[(\psi(\delta_{ijk}))^2 - (d_{ijk}^2) \right]^2}{\sum_{i,j} (\psi(\delta_{ijk}))^4} \right) \right)^{1/2} \tag{3.21}$$

$$S = \left(\frac{1}{m} \sum_{k=1}^m S_k c_k \right)^{1/2} \quad \text{où} \quad S_k = \sum_{i,j} \left[(\psi(\delta_{ijk}))^2 - (d_{ijk}^2) \right]^2$$

$$S_k = \sum_{i,j} \left[(\psi(\delta_{ijk}))^2 - \sum_{l=1}^p w_{kl} (x_{il} - x_{jl})^2 \right]^2.$$

Cette dernière expression peut être développée en isolant la variable x_{he} qui correspond à la coordonnée du stimulus h sur la dimension e :

$$S_k = \sum_j \left[(\psi(\delta_{hjk}))^2 - w_{ke}(x_{he} - x_{je})^2 - \sum_{\substack{l=1 \\ l \neq e}}^p w_{kl}(x_{hl} - x_{jl})^2 \right]^2 + \sum_{\substack{i,j \\ i \neq h}} \left[(\psi(\delta_{ijk}))^2 - \sum_{l=1}^p w_{kl}(x_{il} - x_{jl})^2 \right]^2.$$

La seule variable étant x_{he}, l'équation précédente peut s'écrire :

$$S_k = w_{ke}^2 \sum_j \left[x_{he}^2 - 2 x_{he} x_{je} + \alpha_{ijk} \right]^2 + \beta_{ijk} \tag{3.22}$$

où α_{ijk} et β_{ijk} sont des variables ne dépendant pas de x_{he}. En dérivant l'équation (3.22) par rapport à x_{he}, on obtient :

$$\frac{\partial S_k}{\partial x_{he}} = 4 w_{ke}^2 \sum_j \left(x_{he}^3 - 3 x_{he}^2 x_{je} + (2 x_{je}^2 - \alpha_{ijk}^2) x_{he} + \alpha_{ijk}^2 x_{je} \right).$$

Il s'ensuit que :

$$\frac{\partial S}{\partial x_{eh}} = \sum_{k=1}^m c_k \frac{\partial S_k}{\partial x_{he}} \tag{3.23}$$

---

[2] Une matrice rectangulaire A de rang plein admet un inverse appelé pseudo-inverse de Moore-Penrose défini par : $\begin{cases} A^- = (A^T A)^{-1} A^T \text{ si } m > n \\ A^- = A^T (A^T A)^{-1} \text{ si } m < n \end{cases}$

est une équation ayant comme seule inconnue x_{he}. Après avoir résolu l'équation (3.23), on remplace la précédente valeur de x_{he} par sa nouvelle valeur puis on procède à l'estimation des autres coordonnées du stimulus h.

3.1.6. PROXSCAL

Les principales étapes de PROXSCAL sont comparables à celles de l'algorithme ALSCAL. La différence majeure entre PROXSCAL et ALSCAL porte sur le calcul de l'erreur d'approximation à minimiser (stress) et sur le fait que PROXSCAL permet de prendre en compte des pertes d'informations telles que l'absence de certaines dissimilarités.

3.1.6.1. Préliminaire

L'algorithme commence par effectuer plusieurs calculs préliminaires afin de gérer les poids ou dissimilarités manquants. Les dissimilarités manquantes ainsi que les poids manquants sont considérés comme nuls. L'algorithme ne requiert en entrée que des matrices triangulaires inférieures ou supérieures sans leur diagonale. Si, en entrée de l'algorithme, on présente des matrices triangulaires inférieures et supérieures, l'algorithme prend en entrée leur moyenne pondérée. Lorsqu'on cherche à effectuer une MDS non métrique, les dissimilarités sont transformées préalablement en disparités via une fonction monotone non linéaire. Cette opération revient à accorder plus d'importance à l'ordre des dissimilarités plus qu'à leurs propres valeurs.

Dans la suite nous décrivons les autres étapes de l'algorithme PROXSCAL (comparables à celles d'ALSCAL).

3.1.6.2. Phase d'initialisation

Il existe 4 principaux types d'initialisation : l'initialisation du simplexe (Heiser 1985), celle de Torgerson (Torgerson 1952), l'initialisation aléatoire (coordonnées générées aléatoirement selon une loi de distribution uniforme) et l'initialisation faite par l'utilisateur (il fixe lui-même les coordonnées initiales).

3.1.6.3. Calcul du stress

La fonction stress que PROXSCAL minimise est :

$$\sigma^2(X_1, X_2, \cdots, X_m) = \frac{1}{m} \sum_{k=1}^{m} \sum_{i<j}^{n} w_{ijk} \left[\delta_{ijk} - d_{ij}(X_k) \right]^2.$$

Plus généralement c'est

$$\sigma^2(X_1, X_2, \cdots, X_m) = \frac{1}{m} \sum_{k=1}^{m} \sum_{i<j}^{n} w_{ijk} \left[\hat{\delta}_{ijk} - d_{ij}(X_k) \right]^2$$

qui est minimisée par l'algorithme, où $\hat{\delta}_{ijk} = \psi(\delta_{ijk})$ est une transformation des dissimilarités initiales. Comme dans le cas d'ALSCAL les transformations dépendent du type de MDS que l'on souhaite réaliser.

3.1.6.4. Calcul et mise à jour des coordonnées

Soit $Z \in \mathbb{R}^{n \times p}$ l'espace p-dimensionnel de représentation commun des stimuli et $X_k \in \mathbb{R}^{n \times p}$ l'espace de représentation fourni par la source k. Les matrices X_k peuvent être libres ou restreintes. Le cas non restreint comme son nom l'indique correspond à la situation où aucune restriction n'est faite sur les configurations individuelles, tandis que, dans le cas restreint, chacune des configurations individuelles X_k est liée à la configuration commune Z par l'équation $X_k = ZA_k$, où $A_k \in \mathbb{R}^{p \times p}$ est la matrice de poids de l'espace donné par l'individu k. Selon la nature de A_k, on distingue différents modèles de PROXSCAL :

- si A_k est une matrice de rang plein, il s'agit du modèle euclidien généralisé ou IDIOSCAL (Individual Differences In Orientation SCALing),
- si A_k est une matrice de rang $r < p$, il s'agit du modèle de rang réduit,
- si A_k est une matrice diagonale, il s'agit du modèle euclidien pondéré INDSCAL (INdividual Differences in SCALing),
- si A_k est la matrice identité, il s'agit du modèle IDENTITY.

3.1.6.5. Étude du cas non restreint

PROXSCAL est essentiellement basé sur la technique de majoration du stress. Le but de la majoration est de remplacer itérativement une fonction initiale $f(x)$ (relativement « complexe » à minimiser) par une fonction $g(x,z)$ où z est une constante. La fonction $g(x,z)$ est qualifiée de fonction de majoration de $f(x)$ lorsqu'elle respecte les conditions suivantes :

- $g(x,z)$ doit être relativement plus simple à minimiser que $f(x)$,
- pour tout élément x de l'ensemble de définition de f on doit avoir : $f(x) \leq g(x,z)$,
- il faut que, pour un élément z, appelé le point de support, on ait : $f(z) = g(z,z)$.

L'exemple ci-après présente le principe de minimisation par majoration d'une fonction f définie comme suit :

$$f : [-1,5;2] \to \mathbb{R}$$
$$f : x \mapsto 6 + 3x + 10x^2 - 2x^4. \tag{3.24}$$

Une fonction de majoration peut être g définie par :

$$g : [-1,5;2] \times [-1,5;2] \to \mathbb{R}$$
$$g : (x,z) \mapsto 6 + 3x + 10x^2 - 8xz^3 + 6z^4. \tag{3.25}$$

La valeur de départ de y peut être $z_0 = 1,4$, ce qui donne une première fonction de majoration :

$$g(x, z_0 = 1,4) = 29,0496 - 18,952x + 10x^2. \tag{3.26}$$

On peut remarquer que $g(x, z_0 = 1,4)$ est une fonction quadratique et on constate sur la Figure 3.2 que la courbe de $g(x, z_0 = 1,4)$ est toujours au-dessus de celle de f. Le minimum de $g(x, z_0 = 1,4)$ est $z_1 = 0,9476$. À l'itération suivante, la fonction de majoration devient :

$$g(x, z_1 = 0,9476) = 10,8378 - 3,8071x + 10x^2. \tag{3.27}$$

On peut remarquer que $g(x, z_1 = 0,9476)$ est toujours quadratique et que sa courbe est au-dessus de celle de f. Le minimum de $g(x, z_1 = 0,9476)$ est z_2 et le processus continue jusqu'à la convergence (l'amélioration du stress n'est pas plus grande qu'une valeur que l'on fixe).

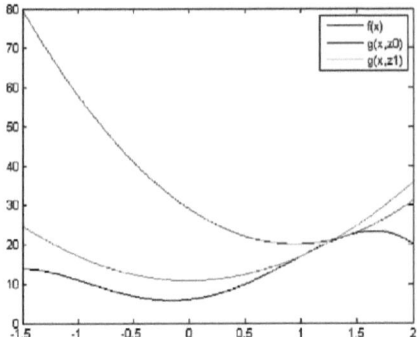

Figure 3.2 Courbes de la fonction f et de ses deux premières fonctions de majoration

Dans l'algorithme PROXSCAL, le stress à minimiser s'écrit aussi bien pour le cas restreint que pour le cas non restreint comme suit (Heiser 1993) :

$$\sigma^2(X_1, X_2, \cdots, X_m) = \frac{1}{m} \sum_{k=1}^{m} \sum_{i<j}^{n} w_{ijk} \left[\delta_{ijk} - d_{ij}(X_k) \right]^2. \tag{3.28}$$

En développant l'équation (3.28) on obtient :

$$\sigma^2(X_1, X_2, \cdots, X_m) = \frac{1}{m} \sum_{k=1}^{m} \left(\sum_{i<j}^{n} w_{ijk} \delta_{ijk}^2 - 2 \sum_{i<j}^{n} w_{ijk} \delta_{ijk} d_{ij}(X_k) + \sum_{i<j} \left(w_{ijk} d_{ij}(X_k) \right)^2 \right).$$

Finalement :

$$\sigma^2(X_1, X_2, \cdots, X_m) = \frac{1}{m} \sum_{k=1}^{m} \left(c_k + \mathrm{tr}\left(X_k^T V_k X_k \right) - 2\mathrm{tr}\left(X_k^T B(X_k) X_k \right) \right) \tag{3.29}$$

où $c_k = \sum_{i<j} w_{ijk} \delta_{ijk}^2$,

$$V_k = (v_{ijk}) \text{ avec } v_{ijk} = \begin{cases} -w_{ijk} & \text{pour } i \neq j \\ \sum_{l \neq i}^{n} w_{ilk} & \text{pour } i = j \end{cases} \text{ et } B(X_k) = (b_{ijk}) \text{ avec } b_{ijk} = \begin{cases} -w_{ijk} \delta_{ijk} / d_{ij}(X_k) \\ 0 \text{ si } d_{ij}(X_k) = 0 \end{cases} \text{ pour } i \neq j \\ -\sum_{l \neq i}^{n} b_{ilk} & \text{pour } i = j \end{cases}.$$

Notons $f(X_k)$ la fonction stress induite par la source k à minimiser (équation (3.29)) :

$$f(X_k) = \sigma^2(X_k) = c_k + \mathrm{tr}\left(X_k^T V_k X_k \right) - 2\mathrm{tr}\left(X_k^T B(X_k) X_k \right). \tag{3.30}$$

Considérons la fonction $g(X_k, Y_k)$ définie par :

$$g(X_k, Y_k) = c_k + \mathrm{tr}\left(X_k^T V_k X_k \right) - 2\mathrm{tr}\left(X_k^T B(Y_k) Y_k \right) \text{ et } g(Y_k, Y_k) = f(Y_k). \tag{3.31}$$

Pour deux matrices quelconques X_k et Y_k de $\mathbb{R}^{n \times p}$, l'inégalité de Cauchy-Schwarz permet d'établir :

$$\mathrm{tr}\left(X_k^T B(X_k) X_k \right) \geq \mathrm{tr}\left(X_k^T B(Y_k) Y_k \right) \tag{3.32}$$

d'où

$$f(X_k) \leq g(X_k, Y_k), \quad \forall k \in \{1, \cdots, m\}. \tag{3.33}$$

En sommant sur l'ensemble des m sources on obtient :

$$\frac{1}{m} \sum_{k=1}^{m} f(X_k) \leq \frac{1}{m} \sum_{k=1}^{m} g(X_k, Y_k). \tag{3.34}$$

Soient :

$$\sigma^2(X_1, X_2, \cdots, X_m) = f(X_1, X_2, \cdots, X_m) = \frac{1}{m}\sum_{k=1}^{m} f(X_k)$$

et

$$g(X_1, X_2, \cdots, X_m, Y_1, Y_2, \cdots, Y_m) = \frac{1}{m}\sum_{k=1}^{m} g(X_k, Y_k).$$

D'après l'inégalité établie en (3.33) et la définition de g, on déduit que pour tout couple (X_k, Y_k) la fonction $g(X_k, Y_k)$ est supérieure à $f(X_k)$ sauf en Y_k.

Par ailleurs, $g(X_k, Y_k)$ est une fonction quadratique en X_k, donc relativement moins complexe à minimiser que $f(X_k)$. Par conséquent, d'après la définition d'une fonction de majoration donnée plus haut, on peut conclure que g est une fonction de majoration de f. Chercher à minimiser g revient à résoudre l'équation suivante :

$$\nabla_{X_k}\left(g(X_k, Y_k)\right) = 0 \Leftrightarrow V_k X_k = B(Y_k) Y_k.$$

Cela conduit à la solution optimale $\bar{X}_k$ définie par :

$$\bar{X}_k = V_k^- B(Y_k) Y_k \qquad (3.35)$$

où V_k^- est la pseudo-inverse de Moore-Penrose de V_k.

La transformation établie dans l'équation (3.35), et qui permet d'obtenir la solution optimale $\bar{X}_k$, est appelée transformation de Guttman (Guttman 1968). En utilisant l'inégalité (3.33), on déduit que :

$$f(\bar{X}_k) \leq g(\bar{X}_k, Y_k). \qquad (3.36)$$

Par conséquent, minimiser la fonction stress exprimée par l'équation (3.29) consiste à résoudre de façon indépendante les m sous-problèmes visant la minimisation des fonctions $g(X_k, Y_k)$. Autrement dit, cela revient à appliquer des transformations de Guttman aux matrices des m sources. D'après la définition de $g(X_k, Y_k)$, on a :

$$g(\bar{X}_k, Y_k) = c_k + \operatorname{tr}(\bar{X}_k^T V_k \bar{X}_k) - 2\operatorname{tr}(\bar{X}_k^T B(Y_k) Y_k). \qquad (3.37)$$

D'autre part :

$$\bar{X}_k^T B(Y_k) Y_k = \bar{X}_k^T (V_k V_k^-) B(Y_k) Y_k$$
$$= \bar{X}_k^T V_k (V_k^- B(Y_k) Y_k).$$

D'après l'équation (3.35) on a finalement :

$$\bar{X}_k^T B(Y_k) Y_k = \bar{X}_k^T V_k \bar{X}_k. \qquad (3.38)$$

Et par conséquent, l'équation (3.37) devient :

$$g(\bar{X}_k, Y_k) = c_k + \operatorname{tr}(\bar{X}_k^T V_k \bar{X}_k) - 2\operatorname{tr}(\bar{X}_k^T V_k \bar{X}_k).$$
$$g(\bar{X}_k, Y_k) = c_k - \operatorname{tr}(\bar{X}_k^T V_k \bar{X}_k). \qquad (3.39)$$

D'autre part on peut écrire :

$$g(X_k, Y_k) = c_k + \operatorname{tr}(X_k^T V_k X_k) - 2\operatorname{tr}(X_k^T B(Y_k) Y_k)$$
$$g(X_k, Y_k) = c_k - \operatorname{tr}(\bar{X}_k^T V_k \bar{X}_k) + \left\{\operatorname{tr}(\bar{X}_k^T V_k \bar{X}_k) + \operatorname{tr}(X_k^T V_k X_k) - 2\operatorname{tr}(X_k^T V_k X_k)\right\}$$

d'où :

$$g(X_k, Y_k) = c_k - \mathrm{tr}\left(\bar{X}_k^T V_k \bar{X}_k\right) + \mathrm{tr}\left(\left(X_k - \bar{X}_k\right)^T V_k \left(X_k - \bar{X}_k\right)\right). \tag{3.40}$$

Les équations (3.39) et (3.40) permettent alors d'écrire :

$$g(X_k, Y_k) = g(\bar{X}_k, Y_k) + \mathrm{tr}\left(\left(X_k - \bar{X}_k\right)^T V_k \left(X_k - \bar{X}_k\right)\right). \tag{3.41}$$

La matrice V_k étant semi-définie positive, il s'ensuit que $\mathrm{tr}\left(X_k - \bar{X}_k\right)^T V_k \left(X_k - \bar{X}_k\right) \geq 0$, ce qui permet d'établir que :

$$g(X_k, Y_k) \geq g(\bar{X}_k, Y_k). \tag{3.42}$$

Cela implique que la fonction $g(X_k, Y_k)$ admet bien $\bar{X}_k$ comme minimum global. De la même manière que pour la fonction g, on montre en utilisant l'expression (3.30) de f que :

$$f(Y_k) = c_k - \mathrm{tr}\left(\bar{X}_k^T V_k \bar{X}_k\right) + \mathrm{tr}\left(Y_k - \bar{X}_k\right)^T V_k \left(Y_k - \bar{X}_k\right). \tag{3.43}$$

En utilisant l'expression de $g(\bar{X}_k, Y_k)$ établie dans l'équation (3.39) on peut écrire :

$$f(Y_k) = g(\bar{X}_k, Y_k) + \mathrm{tr}\left(Y_k - \bar{X}_k\right)^T V_k \left(Y_k - \bar{X}_k\right) \tag{3.44}$$

et comme $\mathrm{tr}\left(Y_k - \bar{X}_k\right)^T V_k \left(Y_k - \bar{X}_k\right) \geq 0$, pour la même raison évoquée plus haut, on peut conclure que :

$$g(\bar{X}_k, Y_k) \leq f(Y_k). \tag{3.45}$$

Finalement les inégalités (3.36) et (3.45) nous permettent de conclure que :

$$f(\bar{X}_k) \leq g(\bar{X}_k, Y_k) \leq f(Y_k). \tag{3.46}$$

L'équation ci-dessus exprime le fait que, pour une configuration initiale Y_k donnée, la fonction stress ne sera jamais augmentée si l'on remplace la configuration initiale Y_k par sa transformée de Guttman $\bar{X}_k = V_k^- B(Y_k) Y_k$.

Pour résumer, l'algorithme de PROXSCAL pour chaque source k peut être décrit comme suit :

1. Déterminer la configuration initiale X_k^0 et calculer $f(X_k^0) = \sum_{i<j}^{n} w_{ijk} \left[\delta_{ijk} - d_{ij}(X_k^0)\right]^2$.
2. Effectuer la transformation de Guttman $\bar{X}_k = V_k^- B(X_k^0) X_k^0$.
3. Remplacer X_k^0 par $\bar{X}_k$ et calculer $f(X_k^0)$.
4. Si la différence entre le stress de l'itération courante et celui de l'itération précédente est supérieure à un seuil prédéfini, aller à l'étape 2 en remplaçant X_k^0 par $\bar{X}_k$.

Même si l'algorithme ci-dessus s'avère converger, on peut être confronté à l'apparition de minima locaux. De plus, dans le cas où certaines valeurs de la distance inter-points sont nulles, l'algorithme peut conduire à des points critiques[3] (De Leeuw 1888).

3.1.6.6. Étude du cas restreint

Soient une matrice X_k^0 de configuration initiale vérifiant toutes les contraintes imposées par la restriction. Notons par X_k^+ une configuration permettant de minimiser davantage le stress de l'itération courante. D'après l'inégalité (3.33) on a :

$$f(X_k^+) \leq g(X_k^+, X_k^0).$$

---

[3] Les points critiques sont des points qui annulent le gradient sans pour autant être des extrema.

D'autre part, en utilisant (3.40), il vient :

$$g\left(X_k^+, X_k^0\right) = c_k - \text{tr}\left(\bar{X}_k^T V_k \bar{X}_k\right) + \text{tr}\left(X_k^+ - \bar{X}_k\right)^T V_k \left(X_k^+ - \bar{X}_k\right). \tag{3.47}$$

D'où :

$$f\left(X_k^+\right) \leq c_k - \text{tr}\left(\bar{X}_k^T V_k \bar{X}_k\right) + \text{tr}\left(X_k^+ - \bar{X}_k\right)^T V_k \left(X_k^+ - \bar{X}_k\right). \tag{3.48}$$

En sommant sur l'ensemble des valeurs de k, on a :

$$f\left(X_k^+, \cdots, X_m^+\right) \leq \frac{1}{m} \sum_{k=1}^m \left(c_k - \text{tr}\left(\bar{X}_k^T V_k \bar{X}_k\right) + \text{tr}\left(X_k^+ - \bar{X}_k\right)^T V_k \left(X_k^+ - \bar{X}_k\right)\right).$$

Or, $f\left(X_1^0, \cdots, X_m^0\right) = \dfrac{1}{m} \sum_{k=1}^m \left(c_k - \text{tr}\left(\bar{X}_k^T V_k \bar{X}_k\right) + \text{tr}\left(X_k^0 - \bar{X}_k\right)^T V_k \left(X_k^0 - \bar{X}_k\right)\right).$

Par conséquent, la configuration X_k^+ est meilleure que la configuration initiale X_k^0 au sens de la minimisation de la fonction stress f si :

$$\frac{1}{m} \sum_{k=1}^m \text{tr}\left(X_k^+ - \bar{X}_k\right)^T V_k \left(X_k^+ - \bar{X}_k\right) \leq \frac{1}{m} \sum_{k=1}^m \text{tr}\left(X_k^0 - \bar{X}_k\right)^T V_k \left(X_k^0 - \bar{X}_k\right). \tag{3.49}$$

Considérons la fonction h définie comme suit :

$$h(X_1, \cdots, X_k) = \frac{1}{m} \sum_{k=1}^m \text{tr}\left(X_k - \bar{X}_k\right)^T V_k \left(X_k - \bar{X}_k\right). \tag{3.50}$$

Partant d'une configuration initiale X_k^0, d'après (3.49), une meilleure configuration X_k^+ doit vérifier l'inégalité ci-dessous :

$$\frac{1}{m} \sum_{k=1}^m \text{tr}\left(X_k^+ - \bar{X}_k\right)^T V_k \left(X_k^+ - \bar{X}_k\right) \leq h(X_1, \cdots, X_k). \tag{3.51}$$

ce qui signifie que, pour trouver une meilleure configuration X_k^+, il suffit de minimiser la fonction h. Le problème de minimisation de la fonction h est appelé « problème de projection métrique ».

Ainsi, lors du déroulement de l'algorithme dans le cas du modèle restreint, après la transformation de Guttman, une étape intermédiaire consistant à remplacer la matrice initiale X_k^0 par la matrice X_k^1 minimisant la fonction $h(X_1, \cdots, X_k)$ est réalisée. L'algorithme général du cas restreint est alors :

1. Choisir la configuration initiale X_k^0 et calculer $f\left(X_k^0\right) = \sum_{i<j}^n w_{ijk} \left[\delta_{ijk} - d_{ij}\left(X_k^0\right)\right]^2$.
2. Effectuer la transformation de Guttman $\bar{X}_k = V_k^- B\left(X_k^0\right) X_k^0$.
3. Déterminer une meilleure configuration X_k^+ solution du problème de minimisation de la fonction $h(X_1, \cdots, X_k) = \dfrac{1}{m} \sum_{k=1}^m \text{tr}\left(X_k - \bar{X}_k\right)^T V_k \left(X_k - \bar{X}_k\right)$.
4. Remplacer X_k^0 par X_k^+ et calculer $f\left(X_k^0\right)$.
5. Si la différence entre le stress de l'itération courante et celui de l'itération précédente est supérieure à un seuil prédéfini, aller à l'étape 2.

3.1.6.7. Mise à jour de l'espace de projection commun Z

Nous rappelons que, dans le cas restreint, la configuration initiale d'une source donnée est toujours liée à la configuration commune : $X_k = ZA_k$. L'équation de h devient alors :

$$\begin{aligned} h(Z, A_1, \cdots, A_m) &= \frac{1}{m}\left(\sum_{k=1}^m \text{tr}\left(ZA_k - \bar{X}_k\right)^T V_k \left(ZA_k - \bar{X}_k\right)\right) \\ h(Z, A_1, \cdots, A_m) &= c + \frac{1}{m}\left(\sum_{k=1}^m A_k^T Z^T V_k Z A_k - 2\sum_{k=1}^m \text{tr}\left(A_k^T Z^T B\left(X_k^0\right) X_k^0\right)\right) \end{aligned} \tag{3.52}$$

où $c = \frac{1}{m}\sum_{k=1}^{m}\text{tr}\left(\overline{X}_k^T V_k \overline{X}_k\right)$ est une constante ne dépendant ni de Z ni de A_k. On peut réécrire l'équation (3.52) :

$$h(z) = c + z^T H z - 2z^T t \qquad (3.53)$$

avec $z = \text{vec}(Z)$, $H = \frac{1}{m}\sum_{k=1}^{m}\left(A_k A_k^T \otimes V_k\right)$ et $t = \text{vec}\left(\frac{1}{m}\sum_{k=1}^{m}\left(B\left(X_k^0\right) X_k^0 A_k^T\right)\right)$. Le symbole $\otimes$ désigne le produit de Kronecker et $\text{vec}(M)$ correspond au vecteur obtenu en superposant les colonnes de la matrice M les unes sous les autres. Le gradient de $h(z)$ par rapport à z est :

$$\nabla_z\left(h(z)\right) = 2Hz - 2t . \qquad (3.54)$$

Par conséquent, une solution du problème de minimisation de h est obtenue pour $\nabla_z\left(h(z)\right) = 0$ d'où :

$$\nabla_z\left(h(z)\right) = 0 \Leftrightarrow z = H^- t . \qquad (3.55)$$

où H^- est la pseudo-inverse de H. On pourra remarquer qu'une solution plus générale de cette équation peut s'écrire sous la forme :

$$z = H^- t + \left(Id - H^- H\right) q . \qquad (3.56)$$

avec Id la matrice identité de $\mathbb{R}^{np \times np}$ et q un vecteur quelconque de taille $n \times p$. Pour simplifier le calcul de la pseudo-inverse de H, on a recours à trois techniques. La première consiste à remplacer le calcul du pseudo-inverse par le calcul d'une matrice inverse propre défini comme suit :

$$(H + N)^{-1} - N \qquad (3.57)$$

où $N = \left(11^T\right)/\left(1^T 1\right)$ l'espace nul[4] de la matrice H. Cependant, la complexité d'une telle technique reste élevée, puisqu'elle est de l'ordre $(np \times np)$. La seconde technique est celle présentée dans (Heiser 1986). Nous la décrivons ci-après.

Soient z_a la $a^{ème}$ colonne de Z, e_a la $a^{ème}$ colonne de la matrice identité de $\mathbb{R}^{p \times p}$ et P_a la matrice correspondant à la matrice Z dont tous les éléments de la $a^{ème}$ colonne ont été mis à zéro. On a donc :

$$Z = P_a + z_a e_a^T . \qquad (3.58)$$

En remplaçant dans l'équation (3.53) Z par son expression (3.58), on obtient en posant $C_k = A_k A_k^T$:

$$h(z_a) = c^* + z_a^T \frac{1}{m}\sum_{k=1}^{m}\left(V_k e_a^T C_k e_a\right) z_a + 2z_a^T \frac{1}{m}\sum_{k=1}^{m}\left(V_k P_a C_k e_a\right) - 2z_a^T \frac{1}{m}\sum_{k=1}^{m} B(X_k) X_k A_k^T e_a \qquad (3.59)$$

où $c^* = c + \frac{1}{m}\sum_{k=1}^{m}\text{tr}\left(P_a^T V_k P_a C_k\right) - 2\text{tr}\left(P_a^T \frac{1}{m}\sum_{k=1}^{m} B\left(X_k^0\right) X_k^0 A_k^T\right)$ est une variable ne dépendant pas de z_a. En posant : $x_a = \frac{1}{m}\sum_{k=1}^{m}\left(B\left(X_k^0\right) X_k^0 A_k^T - V_k P_a C_k\right) e_a$ et $V_a = \frac{1}{m}\sum_{k=1}^{m} V_k e_a^T C_k e_a$, l'équation (3.53) devient :

$$h(z_a) = c^* + z_a^T V_a z_a - 2z_a^T x_a . \qquad (3.60)$$

Le calcul du gradient de h par rapport à la variable z_a est :

$$\nabla_{z_a}\left(h(z)\right) = 2V_a z_a - 2x_a . \qquad (3.61)$$

Soit V_a^- le pseudo-inverse de V_a, on a :

$$z_a = V_a^- x_a . \qquad (3.62)$$

---

[4] L'espace nul d'une matrice $A \in \mathbb{R}^{n \times n}$ est l'ensemble $\text{Nul}(A) = \{X \in \mathbb{R}^{n \times n} | AX = 0\}$

La matrice V_a étant de taille $n \times n$, on en déduit que la complexité du calcul de l'inverse est réduite à n^2. La troisième technique de simplification est réalisée via l'utilisation de fonction de majoration.

Dans les cas des modèles INDSCAL et IDENTITY, la solution du problème de projection métrique se simplifie en remplaçant les matrices A_k par leurs expressions particulières (matrice diagonale ou matrice identité respectivement).

3.1.6.8. Mise à jour des matrices de pondération A_k

Considérant le problème de la projection métrique traduit par l'équation (3.52) en isolant A_k, on a :

$$h(A_k) = d_k + \frac{1}{m}\left(\text{tr}\left(A_k^2 Z^T V_k Z\right) - 2\text{tr}\left(A_k^T Z^T B(X_k) X_k\right)\right)$$

$$h(A_k) = e_k + \left\|\left(Z^T V_k Z\right)^{1/2} A_k - \left(Z^T V_k Z\right)^{-1/2} Z^T B(X_k) X_k\right\|^2$$

(3.63)

où d_k et e_k ne dépendent pas de A_k. Minimiser $h(A_k)$ revient à résoudre l'équation $\nabla_{A_k}\left(h(A_k)\right) = 0$, d'où :

$$A_k = \left(Z^T V_k Z\right)^{-1} Z^T B(X_k) X_k \quad .$$

(3.64)

Lorsqu'il s'agit du modèle INDSCAL, *i.e.* les A_k sont diagonales, il vient :

$$h(A_k) = d_k + \frac{1}{m}\left(\text{tr}\left(A_k^2 Z^T V_k Z\right) - 2\text{tr}\left(A_k^T Z^T B(X_k) X_k\right)\right)$$

$$h(A_k) = d_k + \frac{1}{m}\left(diag\left(\text{tr}\left(A_k^2 Z^T V_k Z\right)\right) - 2 diag\left(\text{tr}\left(A_k^T Z^T B(X_k) X_k\right)\right)\right)$$

$$h(A_k) = e_k + \left\|A_k \text{diag}\left(Z^T V_k Z\right)^{1/2} - \text{diag}\left(Z^T V_k Z\right)^{-1/2} \text{diag}\left(Z^T B(X_k) X_k\right)\right\|^2$$

(3.65)

où $\text{diag}(\cdot)$ est l'opérateur permettant d'extraire la diagonale d'une matrice. De la même manière que précédemment, en résolvant l'équation :

$$\nabla_{A_k}\left(h(A_k)\right) = 0,$$

on obtient :

$$A_k = \text{diag}\left(Z^T V_k Z\right)^{-1} \text{diag}\left(Z^T B(X_k) X_k\right) \quad .$$

Dans le cas du modèle de rang réduit, on cherche à ce que le rang des matrices A_k soit $r < p$. Soit $A_k = P_k L_k Q_k^T$ la décomposition en valeurs singulières de A_k. La meilleure approximation des A_k est donnée par $R_k T_k^T$ où R_k contient les r premières colonnes de $P_k L_k$ et T_k contient les r premières colonnes de Q_k.

Le modèle identité ne requiert quant à lui aucune mise à jour dans la mesure où :

$$\forall k \in \{1, \cdots, m\}, A_k = Id_p$$

où Id est la matrice identité de $\mathbb{R}^{p \times p}$.

3.1.6.9. Transformation des matrices de dissimilarités

PROXSCAL propose 3 types de transformations : les transformations ratio, intervalle et ordinale. Les transformations ratio et intervalle sont des transformations linéaires où, à chaque matrice de dissimilarités initiale Δ_k, on associe sa transformée : $\alpha \Delta_k + \beta$, où α et β sont des réels. Dans le cas particulier de la transformation ratio, α et β valent respectivement 1 et 0. Concernant la transformation intervalle, ces deux paramètres sont déterminés grâce à une régression linéaire avec pour contrainte le fait qu'ils soient positifs.

La transformation ordinale est en effet une régression monotone pondérée réalisée via l'algorithme « Up-and-Down block algorithm » de Kruskal (Kruskal 1964a).

La conditionnalité traduit la possibilité de comparaison des dissimilarités des matrices de différentes sources. Lorsqu'il y a possibilité de comparer des dissimilarités issues de sources distinctes, on parle de transformation conditionnelle ; dans le cas contraire, il s'agit d'une transformation inconditionnelle.

Une fois les matrices de dissimilarités transformées, elles sont ensuite normalisées de telle sorte que la somme des carrés des dissimilarités transformées et pondérées soit égale à $m \cdot n(n-1)/2$ et $(n)(n-1)/2$ respectivement dans les cas inconditionnel et conditionnel.

Nous venons d'étudier deux méthodes de résolution de la MDS 3-voies, toutes les deux étant des problèmes d'optimisation. L'algorithme ALSCAL repose sur la technique des moindres carrés alternés tandis que l'algorithme PROXSCAL est basé sur la méthode de majoration du stress ou SMACOF (Scaling by MAjorizing a COmplicated Function).

Dans la prochaine section, nous présentons une autre technique permettant également la projection simultanée de plusieurs matrices dans un espace à faible dimension. La particularité de cette technique est qu'elle n'est pas basée sur un problème d'optimisation. Il s'agit en effet d'une extension de l'Analyse en Composantes Principales (ACP) à l'étude simultanée de plusieurs matrices.

3.2. Analyse Factorielle Multiple

L'AFM est une technique initiée par B. Escofier et J. Pagès (Escofier and Pagès 2008). Son but est de trouver un espace de projection commun à plusieurs tableaux du type « *individus × variables* » que l'on notera X_k par analogie avec la matrice des coordonnées liée à une source k dans le cas de la MDS.

3.2.1. Analyse Factorielle

L'analyse factorielle permet de projeter un ensemble de données dans un espace à faible dimension généralement euclidien afin d'obtenir une visualisation graphique de la structure des données étudiées.

3.2.1.1. Représentation X, M et D

Soient un ensemble de n individus[5] noté I décrits par un ensemble de p variables noté J. Soit $X = (x_{ij})$ une matrice représentant les coordonnées des n individus dans l'espace des variables. Les points représentant ces individus forment un nuage N_I appartenant à l'espace des variables que nous notons R^J. De même, les points représentatifs des variables constituent un nuage N_J appartenant à l'espace des individus noté R^I. Soient $D = (l_i)$ où $\sum_{i=1}^{n} l_i = 1$ et $M = (q_i)$ les matrices de poids respectifs des individus et des variables. Les matrices M de taille $(p \times p)$ et D de taille $(n \times n)$ sont respectivement associées aux métriques qui seront utilisées respectivement dans les espaces R^J et R^I. Nous supposerons dans la suite que la matrice M est diagonale, dès lors la distance euclidienne entre deux points quelconques i et j du nuage des individus N_I peut s'écrire :

$$d_M^2(i,j) = \sum_{k=1}^{p} q_j \left(x_{ik} - x_{jk} \right)^2 . \qquad (3.66)$$

Ainsi, pour deux vecteurs quelconques x et y de l'espace R^J on peut définir le produit scalaire associé à la métrique induite par M, noté $\langle \cdot, \cdot \rangle_M$, par :

---

[5] Ne pas confondre avec les individus qui désignent les sources dans les sections précédentes

$$\langle x, y \rangle_M = x^T M y. \qquad (3.67)$$

De même, on supposera que la matrice D est diagonale, et pour deux vecteurs quelconques x et y de l'espace R^I on peut associer à la métrique de R^I induite par D, le produit scalaire défini par :

$$\langle x, y \rangle_D = x^T D y. \qquad (3.68)$$

Nous pouvons remarquer que triplet (X, M, D) permet de caractériser sans aucune perte d'information le nuage des individus N_I (Escofier and Pagès 2008).

3.2.1.2. Projection d'un nuage sur un axe

Nous savons qu'une projection est liée à un produit scalaire et, en ce qui concerne la projection des individus dans R^J, nous utiliserons le produit scalaire $\langle \cdot, \cdot \rangle_M$. Considérons un point i du nuage N_I, ses coordonnées dans l'espace R^J forment le vecteur $X_i = \left(x_{i1}, x_{i2}, \cdots, x_{ip} \right)^T$. Soit u le vecteur unitaire d'une des dimensions de R^J, la projection de X_i sur u est le produit scalaire entre X_i et u noté $F_u(i)$ et défini par :

$$F_u(i) = \langle X_i, u \rangle_M = X_i M u. \qquad (3.69)$$

Par conséquent la projection du nuage entier des individus N_J sur u, F_u, est :

$$F_u = \langle X, u \rangle_M = X M u. \qquad (3.70)$$

3.2.1.3. Recherche des axes maximisant l'inertie

Considérons l'espace des individus R^J muni de la métrique M. Nous recherchons un vecteur u unitaire et rendant maximale l'inertie de la projection du nuage de points F_u qui est par définition :

$$F_u^T D F_u = u^T M X^T D X M u. \qquad (3.71)$$

Cela revient donc à résoudre le problème d'optimisation sous contrainte :

$$\begin{cases} \max_u u^T M X^T D X M u \\ u^T u = 1 \end{cases}. \qquad (3.72)$$

La contrainte $u^T u = 1$ vient du fait que le vecteur u est unitaire.

Tout endomorphisme A de R^J est dit M–symétrique si, pour tout couple de vecteurs u et v de $R^{J \times J}$, l'égalité suivante est vérifiée :

$$\langle u, Av \rangle_M = \langle Au, v \rangle_M. \qquad (3.73)$$

Vu que cette égalité est vérifiée pour l'endomorphisme $X^T D X M$, il est par conséquent M–symétrique, diagonalisable et admet une base M–orthonormée de vecteurs propres. Soient $\lambda_1, \lambda_2, \ldots, \lambda_p$ les valeurs propres de $X^T D X M$ rangées par ordre décroissant et $\{e_k\}_{1 \leq k \leq p}$ une base M–orthonormée de vecteurs propres associés. Par définition, on a :

$$X^T D X M e_k = \lambda_k e_k. \qquad (3.74)$$

La décomposition du vecteur u que l'on recherche sur la base $\{e_k\}_{1 \leq k \leq p}$ est :

$$u = \sum_k u_k e_k \text{ avec } \sum_k u_k^2 = 1 \text{ car } u \text{ est unitaire}$$

$$X^T DXMu = X^T DXM \sum_k u_k e_k$$

$$X^T DXMu = \sum_k u_k \left(X^T DXMe_k \right)$$

$$X^T DXMu = \sum_k \lambda_k u_k e_k.$$

L'inertie projetée sur u s'écrit :

$$u^T X^T DXMu = \sum_k \lambda_k u_k^2. \tag{3.75}$$

Or, on sait que $\lambda_1 \geq \lambda_k \;\; \forall k \in \{2,3,\cdots,p\}$ et $\sum_s u_s^2 = 1$, donc, de l'équation (3.75) on peut conclure :

$$u^T X^T DXMu \leq \lambda_1 \sum_s u_s^2 = \lambda_1. \tag{3.76}$$

L'inertie de la projection du nuage est majorée par λ_1. La résolution du problème d'optimisation sous contrainte nous permet de montrer que le maximum est atteint pour $u_1 = \pm 1$ autrement dit $u = \pm e_1$. Ce résultat traduit le fait que l'inertie du nuage projeté sur un axe est maximale lorsque celui-ci est colinéaire au vecteur propre de $X^T DXM$ associé à sa plus grande valeur propre (Escofier and Pagès 2008). On peut montrer que la direction orthogonale à u maximisant l'inertie du nuage est celle d'un vecteur propre associé à la seconde valeur propre de $X^T DXM$. Ce faisant, on démontre par récurrence que la suite d'axes orthogonaux maximisant l'inertie projetée est une suite de vecteurs propres de $X^T DXM$ rangés par valeurs propres associées décroissantes.

3.2.1.4. Calcul des facteurs et de leur inertie

Considérons l'endomorphisme $B = X^T DXM$. Les matrices M et D étant symétriques, on a respectivement $M = M^T$ et $D = D^T$. Par conséquent :

$$B^T M = \left(X^T DXM \right)^T M$$

$$B^T M = \left(M^T X^T D^T X \right) M$$

$$B^T M = \left(MX^T DX \right) M$$

$$B^T M = M \left(X^T DXM \right)$$

$$B^T M = MB.$$

D'après la définition d'un endomorphisme symétrique on peut conclure que B est M-symétrique. Il s'ensuit que B est diagonalisable et que ses vecteurs propres forment une base M-orthonormée[6] de R^J.

Soient $\lambda_1 > \lambda_2 > \cdots > \lambda_p$ les valeurs propres de B associées respectivement aux vecteurs propres $u_1, u_2, \cdots, u_J$ qui forment une base M-orthonormée. On a par définition :

$$Bu_k = \lambda_k u_k, \quad 1 \leq k \leq p. \tag{3.77}$$

En multipliant l'équation (3.77) par XM on obtient :

$$XMBu_k = \lambda_k XMu_k$$

$$XM \left(X^T DXM \right) u_k = \lambda_k XMu_k$$

$$XMX^T D(XMu_k) = \lambda_k XMu_k. \tag{3.78}$$

Soit F_k la projection du nuage N_I sur un des vecteurs u_k de la base, on a :

$$F_k = XMu_k.$$

Par conséquent, l'équation (3.78) devient

$$XMX^T DF_k = \lambda_k F_k. \tag{3.79}$$

---

[6] La M-orthonormalité désigne l'orthogonalité au sens du produit scalaire induit par M.

L'équation (3.79) induit que F_k est un vecteur propre de XMX^TD associé à la valeur propre λ_k. Par conséquent, lorsqu'un vecteur u_k est un vecteur propre de $B = X^TDXM$ associé à la valeur propre λ_k, la projection F_k du nuage de points des individus sur ce vecteur est aussi un vecteur propre de $C = XMX^TD$ associé à la valeur propre λ_k. En résumé, pour déterminer les F_k, il suffit de diagonaliser la matrice $B = X^TDXM$ et on obtient F_k suivant la relation $F_k = XMu_k$. L'inertie du nuage de points N_I projeté sur u_k est obtenue par l'équation :

$$F_k^T DF_k = \sum_{i=1}^{n} p_i \left(F_k(i) \right)^2. \qquad (3.80)$$

3.2.2. Analyse en Composantes Principales

Considérons un tableau $X \in \mathbb{R}^{n \times p}$ du type « *individus × variables* ». Le but de l'ACP est d'extraire les principaux axes pouvant décrire les individus ou les variables tout en conservant le maximum d'information possible.

En ACP les individus ont en général le même poids $l_i = 1/n$ c'est-à-dire que $D = \mathrm{Id}_{R^I}/n$ où Id_{R^I} est la matrice identité de R^I. Les variables ont également un poids identique égal à 1 et donc $M = \mathrm{Id}_{R^J}$ la matrice identité de R^J. D'autre part, les données des tableaux X sont généralement centrées réduites. Par conséquent, la matrice X^TDXM permettant d'obtenir les axes factoriels de l'analyse factorielle générale correspond à la matrice de corrélation dans ce cas particulier puisque :

$$X^TDXM = X^TDX.$$

Lorsque les données sont seulement centrées, X^TDX correspond à la matrice de covariances. Ainsi, dans le cas de l'ACP, les axes factoriels sont en réalité des combinaisons linéaires des variables.

3.2.3. Les fondements de l'AFM

3.2.3.1. Notations

Soit un ensemble I de n individus décrit par m groupes de variables V_k. Soit X_k la matrice représentant la description des individus par le groupe de variables V_k. Elle a une taille égale à $n \times p_k$ où $p_k = \mathrm{card}(V_k)$.

Soit $V = \bigcup_{k=1}^{m} V_k$ l'union des groupes de variables dont le cardinal (nombre total de variables) est

$$K = \sum_{k=1}^{m} p_k = \mathrm{card}(V).$$

Les nuages des individus et de l'ensemble des variables sont respectivement notés N_I, et N_V. Ils appartiennent respectivement aux espaces R^K, R^I.

On désigne par N_I^k le nuage partiel des individus décrits par le groupe de variables V_k et par N_{V_k} le nuage des variables du groupe de variables V_k ; ils appartiennent respectivement aux espaces R^{p_k} et à R^I.

Les matrices $D = (l_i)$ où $\sum_{i=1}^{n} l_i = 1$, M_k et M désignent les matrices de poids respectifs des individus, du groupe de variables V_k et de l'ensemble total des variables V.

3.2.3.2. AFM dans l'espace des individus R^K

À chaque groupe de variables $V_k = (v_{ks})_{1 \leq s \leq p_k}$ on peut associer un nuage d'individus N_I^k appartenant à un sous-espace de R^K. La distance entre les points i et j représentant deux individus du nuage de points N_I^k est telle que :

$$d_k^2(i,j) = \sum_{s=1}^{p_k} q_k \left(v_{ks}(i) - v_{ks}(j) \right)^2. \qquad (3.81)$$

Il s'ensuit que la distance entre ces points dans le nuage N_I s'écrit :

$$d^2(i,j) = \sum_{k=1}^{m} d_k^2(i,j).$$

Afin d'inhiber l'influence de chaque groupe de variables, on pondère les distances des groupes par $1/\lambda_k$ la première valeur propre issue d'une ACP effectuée sur X_k la matrice des individus décrits par le groupe de variables V_k. La distance entre deux points de N_I devient :

$$d^2(i,j) = \sum_{k=1}^{m} \frac{1}{\lambda_k} d_k^2(i,j). \qquad (3.82)$$

L'un des objectifs de l'AFM est de projeter le nuage moyen N_I sur un sous-espace de R^K ayant une très faible dimension tout en maximisant l'inertie intra-classe (celle de N_I^*, le nuage des barycentres i'). En pratique, l'algorithme de l'AFM se résume ainsi :

1. Une ACP est effectuée sur chaque X_k séparément.
2. Les plus grandes valeurs propres λ_k issues des analyses ACP sont utilisées pour pondérer les matrices initiales :

$$Z_k = X_k / \sqrt{\lambda_k}.$$

Cette pondération vise à équilibrer l'influence des groupes de variables dans la construction de l'espace commun.
3. Une seconde ACP est ensuite effectuée sur Z la concaténation des Z_k.

3.2.3.3. Représentation superposée des nuages partiels des individus

Disposant de plusieurs tableaux de type « *individus* × *variables* », une autre approche de l'AFM appliquée à l'ensemble des individus est de trouver un espace de représentation superposée des différents nuages partiels induits par les différents groupes de variables. Cet espace commun doit avoir d'une part une bonne qualité de représentation de chacun des nuages partiels N_I^j. Cela revient à maximiser l'inertie totale. D'autre part, les différents points représentant un même individu dans chacun des K nuages partiels N_I^k doivent se ressembler le plus possible. Autrement dit, si l'on note N_I^K le nuage constitué des différentes images d'un individu donné i et i' le centre de gravité de ce nuage, cette condition équivaut à minimiser l'inertie intra-classe des nuages (correspondant à l'inertie des N_I^K autour de i'). Or, d'après le théorème de König-Huygens, l'inertie totale est la somme de l'inertie intra-classe et de l'inertie inter-classe (inertie du nuage des barycentres i' noté N_I^*). Par conséquent, on ne peut pas maximiser l'inertie totale tout en minimisant l'inertie intra-classe. Le meilleur compromis est donc de maximiser l'inertie inter-classe.

3.2.3.4. AFM dans l'espace des variables R^I

L'ensemble total des variables peut être représenté par un nuage de points N_V appartenant à l'espace R^I. La représentation des variables est obtenue grâce à une ACP du tableau complet X. On en déduit que N_V est un dual du nuage des individus N_I. En effet, les composantes principales issues de l'ACP du tableau rendent maximale l'inertie des projections de toutes les variables. Chaque groupe de variables V_j est représenté par un nuage N_{V_j} dont l'inertie projetée peut être considérée comme la contribution du $j^{ème}$ groupe.

3.2.3.5. Facteurs communs des groupes de variables et analyse multicanonique

Nous présentons dans cette section l'analyse canonique généralisée permettant de retrouver les facteurs communs de plusieurs groupes de variables. L'analyse canonique (Hotelling 1936) est une technique permettant de déterminer la similitude entre deux groupes de variables basée sur la recherche de facteurs qui leur sont communs. Le principe de cette technique est de maximiser la corrélation entre les paires de variables composées d'une variable de chacun des groupes.

L'analyse canonique a été généralisée plus tard par Carroll lorsqu'il fit une extension au cas où l'on étudie plus de deux groupes de variables (Carroll 1968). Soient un ensemble de K groupes de variables et v une variable appartenant à l'un d'eux. Le coefficient de corrélation canonique multiple entre v et l'un des groupes de variables V_k est le coefficient de corrélation entre v et une combinaison linéaire des variables de V_k. Cette combinaison linéaire n'est rien d'autre que la projection orthogonale $P_k(v)$ de v sur le sous-espace engendré par les variables de V_k. De ce fait, le coefficient de corrélation multiple Γ_k est le cosinus de l'angle θ_k entre v et $P_k(v)$:

$$\Gamma_k = \cos(\theta_k). \quad (3.83)$$

L'analyse multicanonique cherche une séquence de variables décorrélées les unes des autres et qui soient liées le plus possible au groupe de variables considérées. Pour ce faire, l'analyse multicanonique selon Carroll utilise comme mesure de liaison le coefficient de corrélation multiple :

$$\sum_{k=1}^{m} \Gamma_k^2. \quad (3.84)$$

Nous savons que, pour deux vecteurs normés a et b, $\cos^2(a,b) = \langle a,b \rangle$. On en déduit alors :

$$\sum_{k=1}^{m} \Gamma_k^2 = \sum_{k=1}^{m} \langle v, P_k(v) \rangle = \left\langle v, \sum_{k=1}^{m} P_k(v) \right\rangle. \quad (3.85)$$

L'opérateur de projection orthogonale P_k étant symétrique et diagonalisable, il en est de même pour $\sum_{k=1}^{m} P_k$. Cependant, l'espace engendré par les variables du groupe devient instable lorsque celles-ci sont corrélées, rendant l'utilisation du coefficient de corrélation canonique multiple critique. Dès lors, on peut utiliser d'autres mesures de liaison comme celle définie ci-après :

$$\text{Lg}(v, \{v_{ks}, s=1,2,\cdots,p_k\}) = \text{Lg}(v, V_k). \quad (3.86)$$

Cette mesure de liaison est la somme des inerties des projections de toutes les variables de V_k sur v. Soit

$$W_k = X_k M_k X_k^T \quad (3.87)$$

le produit scalaire entre les individus décrits par V_k. On a :

$$\text{Lg}(v, V_k) = \sum_{s=1}^{p_k} m_j \langle v, v_{ks} \rangle^2 = \langle v, W_k D(v) \rangle. \quad (3.88)$$

On constate que l'opérateur $W_k D$ permet de caractériser le groupe de variables V_k. Dans l'analyse AFM, la mesure Lg est pondérée par la première valeur propre issue l'analyse ACP effectuée sur X_k et donc l'équation (3.88) devient :

$$\mathrm{Lg}(v,V_k) = \frac{1}{\lambda_k^1} \sum_{j=1}^{p_k} m_j \langle v, v_{ks} \rangle^2. \qquad (3.89)$$

Si $\mathrm{Lg}(v,V_k) = 0$, la variable v n'est corrélée à aucune des variables du groupe V_k. La pondération par la valeur propre λ_k^1 dans l'analyse AFM entraîne que $\mathrm{Lg}(v,V_k) \leq 1$ et si $\mathrm{Lg}(v,V_k) = 1$, v est la première composante principale de V_k.

Une autre mesure de liaison établie par Stewart et Love permet d'évaluer la corrélation des groupes de variables : il s'agit de l'indice de redondance défini comme suit (Stewart 1968) :

$$\mathrm{Rd}(v,V_k) = \frac{1}{p_k} \sum_{j=1}^{p_k} \langle v, v_{ks} \rangle^2. \qquad (3.90)$$

3.2.3.6. AFM dans l'espace R^{I^2}

La projection dans l'espace R^{I^2} vise à comparer les groupes de variables entre eux. Dans la section précédente nous avons vu que le nuage N_{V_k} peut être représenté par la matrice $X_k M_k X_k^T D = W_k D$ de taille $(I \times I)$. Ce nuage est pondéré par $1/\lambda_k^1$ pour équilibrer l'influence des groupes de variables. La variable λ_1^k étant la plus grande valeur propre issue de l'ACP de X_k, en considérant l'espace R^{I^2} muni du produit scalaire de Hilbert-Schmidt, on peut introduire la mesure entre deux groupes de variables V_k et V_l généralisant la mesure Lg comme suit :

$$\mathrm{Lg}(V_k, V_l) = \left\langle \frac{W_k D}{\lambda_k^1}, \frac{W_l D}{\lambda_l^1} \right\rangle. \qquad (3.91)$$

De même une généralisation de Rd peut être définie par :

$$\mathrm{Lg}(V_k, V_l) = \left\langle \frac{W_k D}{\|W_k D\|}, \frac{W_l D}{\|W_l D\|} \right\rangle. \qquad (3.92)$$

Dans la section 3.2.3.5. on a montré que le groupe de variable V_k peut être totalement caractérisée par $W_k D$. Par conséquent, l'AFM dans l'espace R^{I^2} consiste en la recherche d'un repère orthonormé dont les axes approximent les matrices $W_k D$ et qui soient de la forme $z_s z_s^T D$, où les z_s correspondent aux composantes principales issues de l'ACP effectuée sur X la concaténation des X_k. Ces axes devraient maximiser l'inertie totale qui vaut :

$$\sum_{k=1}^{m} \langle W_k D, z_s z_s^T D \rangle. \qquad (3.93)$$

L'orthonormalité des composantes principales z_s dans l'espace R^I implique l'orthonormalité des axes $z_s z_s^T D$ dans R^{I^2}. Ainsi, l'analyse AFM des groupes de variables peut être directement déduite des résultats issus de l'ACP de X : les z_s sont les composantes principales normées de X et la coordonnée de $W_k D$ sur $z_s z_s^T D$ est la contribution du groupe V_k à l'inertie de la composante z_s.

3.2.3.7. Les éléments supplémentaires

Dans l'analyse AFM, on peut considérer certains individus ou groupes de variables comme étant supplémentaires lors de la recherche des axes de projection. Par conséquent, on leur associe une masse nulle. Lorsqu'un groupe d'individus ou de variables est considéré comme étant supplémentaire, ils n'influent pas sur la représentation des individus actifs.

3.2.4. Interprétation géométrique du modèle INDSCAL

Considérons m matrices de produit scalaire de taille $n \times n$ provenant de m sources. Soit p le nombre de dimensions de leur espace de projection commun à l'issue d'une analyse INDSCAL. Soient $(z_s)_{0 \leq s \leq p}$ les dimensions de l'espace commun de projection. En considérant uniquement la $k^{\text{ème}}$ source, la distance entre deux objets i et j est :

$$d_k^2(i,j) = \sum_{s=1}^{p_k} q_s^k (z_s(i) - z_s(j))^2 + e_k(i,j) \quad (3.94)$$

où $e_k(i,j)$ est l'erreur d'approximation induite par la projection, $z_s(i)$ et q_s^k correspondent respectivement à la coordonnée de l'objet i sur la $s^{\text{ème}}$ dimension de l'espace de projection et le poids qu'associe la $k^{\text{ème}}$ source à la $s^{\text{ème}}$ dimension. Comme d_k est une distance euclidienne, le produit scalaire associé peut être défini par :

$$\langle i|j \rangle_k = \sum_{s=1}^{p} q_s^k z_s(i) z_s(j) + \varepsilon_k(i,j). \quad (3.95)$$

Et la matrice du produit scalaire correspondant s'écrit :

$$S_k = Z W_k Z^T + E_k = \hat{S}_k + E_k \quad (3.96)$$

où $Z_k \in \mathbb{R}^{n \times p}$ est la matrice des coordonnées normalisées des stimuli dans l'espace de projection commun (à p dimensions) et $W_k \in \mathbb{R}^{p \times p}$ est la matrice de poids accordés par la source k aux p dimensions. Nous rappelons que les algorithmes permettant de réaliser l'analyse INDSCAL minimisent de manière itérative E_k afin de trouver l'espace de projection commun final Z.

3.2.4.1. Interprétation géométrique du modèle INDSCAL dans R^V

L'estimation du modèle INDSCAL dans l'espace des individus est la recherche d'une suite de directions de R^V telle que les projections de chacun des nuages partiels N_j^k soient le plus homothétiques possible (Escofier and Pagès 2008).

3.2.4.2. Interprétation géométrique du modèle INDSCAL dans R^I

Les facteurs du modèle INDSCAL appartiennent à l'espace R^I. Soit F_s^k le $s^{\text{ème}}$ facteur du groupe de variables V_k. L'estimation du modèle INDSCAL dans l'espace R^I revient à chercher pour un rang s donné un ensemble $\{F_s^k, k = 1, \cdots, m\}$ de facteurs se ressemblant entre eux (Escofier and Pagès 2008). Pour rappel on sait que le modèle INDSCAL est par définition le modèle de MDS où les configurations des sources X_k sont liées à la configuration commune Z par l'équation $X_k = A_k Z$ avec A_k une matrice diagonale. Par conséquent, la restriction portée sur les facteurs de chaque groupe de variables est : $F_s^k = q_s^k F_s$ où F_s, F_s^k et q_s^k sont respectivement le facteur commun, le facteur de la configuration X_k et le poids qui lui est associé.

3.2.4.3. Interprétation du modèle INDSCAL dans R^{I^2}

La distance entre deux points i et j dans la configuration commune est :

$$d_k^2(i,j) = \sum_{s=1}^{p} q_s^k (z_s(i) - z_s(j))^2 \quad (3.97)$$

où q_s^k est le poids affecté par la source k au facteur z_s et $z_s(i)$ est la coordonnée du point i sur le facteur z_s. On peut en déduire la matrice de produit scalaire :

$$W_k = \sum_{s=1}^{p} q_s^k z_s z_s^T. \qquad (3.98)$$

En effet, la matrice W_k des produits scalaires entre les individus de la source k est une somme d'éléments symétriques de rang 1. Par conséquent, dans l'espace R^{I^2} l'équation (3.98) implique que les poids q_s^k correspondent aux coordonnées des W_k sur les axes $z_s z_s^T$. Il s'ensuit que l'approximation du modèle INDSCAL dans R^{I^2} consiste à trouver les paramètres q_s^k et z_s. Cela revient à rechercher une suite orthogonale de vecteurs représentant des matrices symétriques de rang 1 (car les vecteurs z_s sont normalisés) ajustant les W_k.

3.2.5. L'AFM des Tableaux de Distances et matrices de dissimilarités

L'AFM a été initialement développée pour des tableaux du type « *individus × variables* ». Lorsqu'on étudie des tableaux de distances ou de dissimilarités, il faut alors préalablement les transformer en tableaux du type « *individus × variables* » via une AFTD (Analyse Factorielle de Tableaux de Distances). Cette technique est également connue sous le nom de PCO (Principal Coordinate Analysis) (Gower 1966). Soit X_k le tableau de distance de la $k^{ème}$ source. Soit $d(i,j)$ la distance entre les objets i et j de ce tableau et p_i le poids de l'objet i.

Soit $W = (w_{ij})$ le produit scalaire entre les individus, et M la matrice des poids des individus alors :

$$W = XMX^T. \qquad (3.99)$$

En posant $\left(d(i,\cdot)\right)^2 = \sum_{j} p_j \left(d(i,j)\right)^2$ et $\left(d(\cdot,\cdot)\right)^2 = \sum_{i,j} p_i p_j \left(d(i,j)\right)^2$, d'après la formule de Torgerson (Torgerson 1958), on peut réécrire les éléments w_{ij} du produit scalaire W :

$$w_{ij} = \frac{1}{2}\left[\left(d(i,\cdot)\right)^2 + \left(d(\cdot,j)\right)^2 - \left(d(i,j)\right)^2 - \left(d(\cdot,\cdot)\right)^2\right]. \qquad (3.100)$$

L'AFTD consiste en l'extraction des premiers vecteurs propres de WD (D étant la matrice des poids des individus). Lorsque la distance n'est pas euclidienne, on ne retient que les vecteurs propres associés aux valeurs propres positives de WD.

3.2.6. Intérêts de l'AFM

Un des intérêts de l'AFM est qu'elle propose une bonne approximation du modèle INDSCAL tout en contournant le problème de convergence, puisqu'elle repose sur une double ACP qui est une technique basée sur la diagonalisation de matrice. Ce n'est pas le cas pour les algorithmes PROXSCAL et ALSCAL qui peuvent parfois être confrontés à l'existence de minima locaux. D'autre part, l'AFM permet d'intégrer des variables supplémentaires dans l'analyse. Ces variables n'interviennent pas dans la construction de l'espace commun, mais elles permettent de décrire cet espace. Pour finir, l'AFM permet de traiter simultanément des tableaux de natures et de statuts différents. Ainsi, il est possible d'inclure lors d'une analyse de variables quantitatives des variables qualitatives et de leur attribuer un statut d'éléments supplémentaires.

3.3. Classification

En général, à l'issue d'une analyse factorielle, il est intéressant d'étudier le regroupement (sur la base d'un type de distance convenablement choisi) des individus ou variables en appliquant une technique de classification sur leurs coordonnées dans l'espace de projection.

La classification est une méthode consistant à regrouper des éléments dans des classes de sorte que les éléments d'une même classe se ressemblent plus que ceux appartenant à des classes distinctes. Le problème de classification repose sur deux questions essentielles : le choix du critère de ressemblance (le type de distance entre les classes) et l'algorithme d'agrégation des classes. On distingue deux types d'agrégation :
- la classification hiérarchique (Johnson 1967) : elle consiste soit à fusionner successivement des sous-ensembles de l'ensemble de départ à classifier (méthode ascendante ou agglomérative) soit à diviser l'ensemble de départ en sous-ensemble (méthode dite descendante). Pour ce modèle de classification, on ne connaît a priori pas le nombre de classes que l'on souhaite obtenir
- la classification par partitionnement : partant d'un ensemble de données, on se fixe le nombre de partitions désiré. Puis, à l'aide d'un algorithme dédié, la subdivision de l'ensemble de départ est faite de telle sorte que l'inertie intra-classe et inter-classe soient respectivement minimale et maximale.

3.3.1. Classification hiérarchique

3.3.1.1. Définition 1 : partition d'un ensemble

Soit $P = \{P_1, \cdots P_k\}$ une partition d'un ensemble E en k classes, elle vérifie les propriétés suivantes :

1. $\forall l \in \{1, \cdots k\} \, P_k \neq \emptyset$
2. $\forall m, l \in \{1, \cdots k\} \, P_m \cap P_l \neq \emptyset$
3. $\bigcup_{i=1}^{k} P_i = E$.

3.3.1.2. Définition 2 : hiérarchie totale de parties d'un ensemble

H est une hiérarchie totale de parties d'un ensemble E si :

1. $H \subset P(E)$ l'ensemble des partitions de E.
2. $\emptyset \notin H$
3. $E \subset H$
4. $\forall x \in E, \, \{x\} \in H$
5. $\forall A \in H, \forall B \in H \Rightarrow A \cap B = \{A, B, \emptyset\}$.

3.3.1.3. Définition 3 : hiérarchie totale de partie indicée

Soit H est une hiérarchie totale de parties. H est dite indicée si et seulement si :

$\exists f : H \to \mathbb{R}^+$ H dans $\mathbb{R}^+$ telle que

$\forall x \in H, f(x) = 0 \Leftrightarrow x$ est un singleton

$\forall A, B \in H, \, A \subset B \Rightarrow f(A) \leq f(B)$.

L'application f est appelée indice de H et permet d'établir une relation de pré-ordre dans H.

3.3.1.4. Définition 4 : distances ultramétriques

La notion de hiérarchie est liée à une certaine catégorie de distances appelées distances ultramétriques. Une distance d est dite ultramétrique si et seulement si elle vérifie les conditions suivantes :

1. $\forall x \in E$ $\quad\quad\quad\quad d(x,x) = 0$ $\quad\quad\quad\quad$ (réflexivité)
2. $\forall (x,y) \in E \times E$ $\quad\quad d(x,y) \geq 0$ $\quad\quad\quad\quad$ (positivité)
3. $\forall (x,y) \in E \times E$ $\quad\quad d(x,y) = d(y,x)$ $\quad\quad\quad$ (symétrie)
4. $\forall (x,y,z) \in E \times E \times E$ $\quad d(x,y) \leq \max(d(x,z), d(z,y))$ $\quad$ (propriété caractéristique)

On montre que toute hiérarchie totale de partie indicée H d'un ensemble E permet de définir sur cet ensemble une distance ultramétrique et, inversement, à toute distance ultramétrique d'un ensemble E, on peut associer une hiérarchie de partie indicée de E. On en déduit alors l'équivalence entre une hiérarchie indicée et une distance ultramétrique. Par conséquent, à partir d'une matrice de similarités, on peut construire un arbre hiérarchique en transformant les similarités en distances ultramétriques : c'est le principe de l'algorithme de Roux (Zelinski and Noll 1977).

3.3.2. CAH (Classification Ascendante Hiérarchique)

Soit $X = (X_i) \in \mathbb{R}^{n \times p}$ un tableau « *individus × variables* ». Il est transformé en tableau de distances inter-individus ou inter-variables $D = (d_{ij}) \in \mathbb{R}^{n \times n}$ matérialisant la distance (basée sur une métrique définie) entre les n individus ou p variables. La CAH est une hiérarchie de partie indicée basée sur l'algorithme suivant. Considérons une partition Π^0 de N classes $(C_i^0)_{0 \leq i \leq N}$. Chacune des classes est initialement un singleton contenant une des données initiales : $C_i^0 = \{X_i\}$. Dans un premier temps, on choisit un indice d'agrégation δ. Puis, on calcule une nouvelle partition Π^k en agrégeant les classes les plus proches au sens de δ. Les distances entre les classes sont ensuite mises à jour. On répète l'opération jusqu'à l'obtention d'une seule classe.

Le critère d'agrégation est basé sur un indice permettant de mesurer la distance entre deux sous-ensembles (groupes d'individus ou de variables).

3.3.2.1. Critère du saut minimal (« liaison simple ») et maximal (« liaison complète »)

Soient A et B deux classes. Si l'on note d_{ab} la distance entre deux éléments appartenant respectivement à ces deux classes, le critère du saut minimal ou liaison simple utilise la distance minimale entre les classes définie par :

$$\delta_{\min}(A,B) = \min_{a \in A, b \in B} d_{ab}. \quad\quad\quad (3.101)$$

Par opposition, la liaison complète est basée sur la distance maximale entre les classes :

$$\delta_{\max}(A,B) = \max_{a \in A, b \in B} d_{ab}. \quad\quad\quad (3.102)$$

3.3.2.2. Critère de la distance des centroïdes

Ce critère est basé sur la distance entre le centroïde des classes prises deux à deux. Le centroïde d'une classe n'est rien d'autre que son barycentre ou centre de gravité. La distance entre les centroïdes est définie par :

$$\delta_{\text{cent}}(A,B) = d_{g_A g_B}, \text{ où } g_A = \frac{1}{\text{card}(A)} \sum_{a \in A} a. \quad\quad\quad (3.103)$$

3.3.2.3. Critère de la distance moyenne (« liaison moyenne »)

Connu sous le nom de « Unweighted Pair Group Method with Arithmetic Mean », l'indice d'agrégation de ce critère est la fonction distance définie par :

$$\delta_{\text{avg}}(A,B) = \frac{1}{\text{card}(A) \cdot \text{card}(B)} \sum_{a \in A} \sum_{b \in B} d_{ab}. \tag{3.104}$$

3.3.2.4. Critère d'agrégation basé sur l'inertie : critère de Ward

Le critère de Ward cherche à maximiser l'inertie inter-classe. Étant donné deux classes A et B dont les cardinaux sont respectivement μ_A et μ_B, et leurs centres de gravité respectifs G_A et G_B. La distance de Ward entre ces deux classes est définie par :

$$\delta_{\text{avg}}(A,B) = \frac{\mu_A \mu_B}{\mu_A + \mu_B} d_{g_A g_B}^2. \tag{3.105}$$

3.3.3. CDH (Classification Descendante Hiérarchique)

La CDH construit la hiérarchie dans le sens opposé à celui de la CAH. Toutes les données sont initialement mises dans une même classe. Celle-ci est divisée successivement jusqu'à ce que l'on obtienne des classes contenant chacune un seul élément. À chaque itération une des classes de l'itération précédente est subdivisée en deux jusqu'à ce qu'il n'y ait plus que des classes constituées d'un seul élément. À chaque itération l'algorithme doit, d'une part déterminer la classe à subdiviser et, d'autre part, choisir la méthode d'agrégation des données aux sous-classes. Parmi les algorithmes de CDH on peut citer celui proposé par William et Lambert dans (Williams and Lambert 1959) qui ne fonctionne que pour des variables qualitatives et l'algorithme de Gersho et Gray connu sous le nom de TSVQ (Tree Structured Vector Quantization) (Ahmed, Natarajan *et al.* 1974) dont l'étape de partitionnement est basé sur le principe des k-means (*cf.* § 3.3.4.1) avec $k = 2$.

3.3.4. Classification Par Partitionnement

Dans le processus de classification par partitionnement, on fixe au départ le nombre de partitions souhaité, par exemple k. L'algorithme génère ensuite k classes initiales contenant les différentes données. Puis, à chaque itération, les données sont redistribuées dans les classes afin d'améliorer le partitionnement. Cette amélioration est réalisée via deux critères d'optimisation, d'une part, la minimisation de l'inertie intra-classe afin d'optimiser l'homogénéité des données appartenant à une même classe et, d'autre part, la maximisation de l'inertie inter-classe pour rendre maximale la différence entre les classes. L'algorithme le plus connu dans cette catégorie de classification est celui du k-means. Il cherche à partitionner les données en k groupes de telle sorte que la distance (généralement euclidienne) au carré entre les éléments de chaque groupe et le centre de gravité de ce groupe soit minimale. Ainsi, pour n éléments $\{x_1, x_2, \cdots, x_n\}$ à partitionner en K classes $(C_i)_{1 \leq i \leq K}$, le critère d'optimisation s'écrit :

$$\min_{C_1, C_2, \cdots C_K} \left\{ \sum_{i=1}^{K} \sum_{x_i \in C_i} \|x_i - \overline{x}_i\|^2 \right\} \tag{3.106}$$

où $\overline{x}_i$ représente le centre de gravité de la classe C_i et $\|\cdot\|$ désigne la distance euclidienne.

3.3.4.1. L'algorithme basique du k-means (HMEANS)

L'algorithme basique du k-means aussi connu sous le nom de HMEANS (Späth 1980) est le suivant :

1. Définir le nombre de classes
2. Initialiser les centroïdes de manière aléatoire ou par l'utilisateur
3. Calculer les distances entre les éléments et leur centroïde
4. Associer chaque élément à la classe (ou cluster) la plus proche
5. Calculer le centroïde des nouvelles classes
6. Répéter les opérations des étapes de 3 à 5 jusqu'à ce qu'il n'ait plus aucun changement dans les classes

L'algorithme basique du k-means peut être confronté à deux problèmes récurrents. Premièrement, le fait de recalculer les centroïdes peut aboutir à la construction de classes vides. Deuxièmement, dans certains cas, le simple fait de déplacer un élément d'une classe dans une autre peut diminuer la distance des carrés, et par conséquent les classes obtenues en fin d'algorithme ne sont pas nécessairement optimales (Webb 1999) . L'algorithme décrit dans la section suivante pallie ce problème.

3.3.4.2. L'algorithme du k-means amélioré

Cette technique consiste à rajouter des étapes supplémentaires après l'obtention des classes générée par l'algorithme classique. L'algorithme du k-means amélioré se déroule comme suit (Bruning and Kintz 1987) :

1. Déterminer les classes en suivant l'algorithme des k-means.
2. Calculer les distances entre les éléments x_i et les centroïdes des classes.
3. Considérons l'élément x_i de la $j^{ème}$ classe, C_j et n_j le nombre d'éléments de ce cluster. Posons d_{ij} la distance entre x_i et le centroïde de cette classe. S'il existe une classe C_k, telle que :

$$\frac{n_j}{n_j-1}d_{ij}^2 > \frac{n_k}{n_k-1}d_{ik}^2,$$

alors, déplacer l'élément x_i de C_j dans C_k.

4. Si plusieurs classes vérifient le critère du 3), déplacer x_i dans la classe ayant la plus petite valeur pour la quantité suivante :

$$\frac{n_k}{n_k+1}d_{ik}^2.$$

5. Répéter les opérations des étapes 2 à 4 jusqu'à ce qu'il n'ait plus aucun changement dans les classes.

3.4. Conclusion

Dans ce chapitre nous avons étudié des méthodes dites de réductions de dimensionnalité. Elles permettent de projeter les données étudiées dans un espace à faible dimension tout en conservant l'information essentielle sur les « distances » existant initialement entre les données. Ainsi, nous avons présenté dans un premier temps la MDS 3-voies qui est une technique visant à projeter les données dans un espace à faible dimension. Cet espace est obtenu à l'issue d'un algorithme itératif visant à minimiser la fonction quantifiant l'erreur d'approximation (fonction stress). Nous avons présenté ici des algorithmes ALSCAL et PROXSCAL différant de par leur fonction stress. D'autre part, nous avons présenté une seconde approche, l'AFM, qui est une généralisation au cas de l'étude de plusieurs tableaux de la technique de réduction de dimensionnalité classique ACP. Cette technique permet d'approximer les résultats fournis par les algorithmes de la MDS 3-voies tout en étant exempte des éventuels problèmes de convergences auxquels peuvent être confrontés ces algorithmes itératifs. Un autre intérêt de l'AFM est qu'elle permet l'étude simultanée de données mixtes (quantitatives et qualitatives). Le chapitre s'est achevé par la présentation de techniques de classification dont l'utilisation peut s'avérer intéressante pour une meilleure visualisation graphique des regroupements des données.

Le prochain chapitre sera consacré à l'identification des dimensions de la qualité perceptive des codecs de la parole et audio. Aussi, appliquerons-nous à notre base de données les différentes techniques de réduction de dimensionnalité étudiées ici, afin de déterminer le nombre optimal de dimensions de l'espace de la qualité perceptive des codecs audio et de la parole d'une part et aussi pour pouvoir percevoir les types de codecs caractérisant les dimensions de l'espace perceptif.

Chapitre 4

Identification des dimensions de l'espace perceptif des codecs de la parole et du son

L'objectif de notre recherche est de remplacer le MNRU conçu pour reproduire le bruit de quantification des codeurs par forme d'onde et plus précisément celui du G.711. Le MNRU repose sur une nature monodimensionnelle de la qualité des codecs de la parole et du son.

Avec le développement de nouveaux modèles de codeurs, implémentant de multiples et diverses techniques de compression numérique et de traitement du signal, de nouveaux types de défauts perceptifs sont apparus rendant le MNRU obsolète.

Nos travaux de recherche s'inscrivent dans la suite de ceux menés par T. Étamé, qui visaient la création de signaux d'ancrage pour le remplacement du MNRU. Celui-ci est parti du fait que la qualité des codecs de la parole et du son est multidimensionnelle (Etame, Le Bouquin Jeannes *et al.* 2010). Une telle approche fut inspirée de l'étude menée par certains auteurs tels que Hall (Hall 2001) et Mattila (Mattila 2002) lors de leurs travaux visant à caractériser les qualités perceptives des codecs de la parole.

À l'origine, Étamé a utilisé une analyse INDSCAL basée sur l'algorithme ALSCAL, afin de montrer que les codeurs audio et de la parole à bande élargie pouvaient être projetés dans un espace perceptif à 4 dimensions. Par la suite, il proposa des signaux d'ancrage pour chacune de ces dimensions. Cependant lors de la validation des signaux d'ancrage, il est apparu que les stimuli pouvaient être projetés dans un espace perceptif à 5 dimensions laissant penser qu'au moins un des signaux d'ancrage n'appartenait pas à l'espace perceptif initial.

Le premier objectif du présent chapitre est donc de valider le nombre optimal de dimensions de l'espace de projection des codecs de la parole et du son. Pour ce faire, nous appliquons aux matrices de dissimilarités obtenues lors de tests du même nom les techniques de réduction de dimensionnalité étudiées dans le chapitre précédent, à savoir INDSCAL et AFM. Nous concluons ce chapitre en appliquant des techniques de classification hiérarchique ascendante aux coordonnées obtenues par ces deux techniques ainsi qu'une classification basée sur les *k*-means, afin d'analyser le lien entre le regroupement perceptif des codecs et les techniques de codage qu'ils intègrent.

4.1. Codecs sélectionnés

Nous avons sélectionné des codecs de parole et audio afin de prendre en compte toutes les techniques de codage implémentées dans les codecs actuels utilisés dans les télécommunications et les multimédias. Ces codecs ont initialement une bande supérieure ou égale à la gamme de qualité « bande élargie » ou Wideband ([50 Hz – 7000 Hz]). Notre base de données initiale est constituée des 19 codecs reportés dans le Tableau 4.1 (Etame 2008). Le choix de ces codecs a été réalisé afin d'avoir le maximum de techniques de codage.

On peut remarquer qu'on dispose des 3 grandes familles de codecs de la parole (codage par forme d'onde, codage paramétrique et codage par transformée) et du codage audio. Ces codecs peuvent opérer à différents débits et appartiennent à des bandes de qualité variées : « bande élargie » ou WB, « super élargie » ou « S-WB » et « bande pleine » ou FB.

Codecs	Débit (kbit/s)	Qualité	Spécifications techniques
ITU-T G.722	64 ; 56 ; 48	WB	Codage SB-ADPCM
ITU-T G.722.1	24 ; 32	WB	Codage par transformée MLT et allocation de bits par catégorisation
ITU-T G.722.1 C	24	S-WB	Extension du G.722.1 pour les signaux S-WB
ITU-T G.722.2	8,85 ; 12,65 ; 15,85 ; 23,85	WB	Codage ACELP (0 – 6,4 kHz) et BWE (6,4 - 7 kHz)
ITU-T G.729.1	14 ; 20 ; 24 ; 32	WB	CELP (0,5 - 4 kHz), TD-BWE (4 – 7 kHz) et TDAC (0,5 – 7 kHz)
HE-AAC (High Efficiency-AAC)	16 ; 24 ; 32 (stéréo)	FB	Codage par transformée MDCT, Codage Perceptuel et SBR
MP3 (MPEG-1 layer III)	32 ; 64	FB	Codage par transformée MDCT et Codage Perceptuel

Tableau 4.1 Spécifications techniques des dix-neuf codecs retenus dans l'étude (Etame 2008)

4.1.2. Groupe des codeurs par forme d'onde

Ce groupe est constitué des variantes du codec G.722. Il s'agit d'un codec à bande élargie usuellement utilisé dans la VoIP. Il est normalisé dans la recommandation ITU-T G.722 (ITU-T 1988) et implémente la technique de codage MICDA en Sous-Bande (MICDA-SB). En effet, l'encodeur subdivise le spectre du signal bande élargie en deux sous-bandes via un filtre QMF. Les sous-bandes basses-fréquences ([50 Hz – 4000 Hz]) et hautes-fréquences ([4000 Hz – 7000 Hz]) sont par la suite encodées via la technique de codage par forme d'onde MICDA (Figure 4.1). La bande basse étant plus énergétique, davantage de bits lui sont alloués. Ainsi, si l'on affecte 2 bits à la bande haute, la bande basse est encodée sur 4, 5 ou 6 bits suivant le débit du décodeur. En effet, le codec G.722 encode les signaux à un débit de 64 kbit/s et le décodeur fonctionne selon 3 modes correspondant au débit binaire du signal décodé : 64, 56 et 48kbit/s. Ces trois modes ont été sélectionnés dans notre base de données.

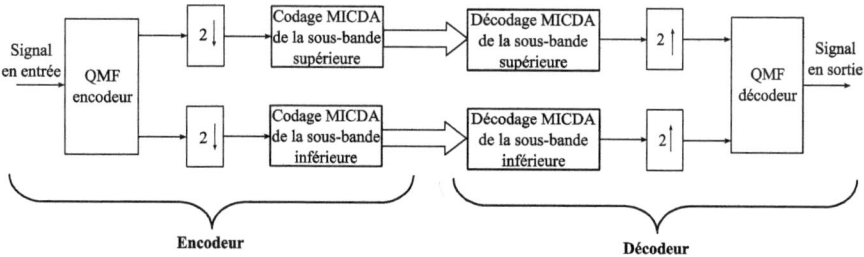

Figure 4.1 Codec G.722

4.1.3. Groupe des codeurs par transformée

Ce groupe est constitué de trois familles de codecs basées sur la technique de codage par transformée : le G.722.1 (et son annexe C) et les codecs audio HE-AAC et MP3. La principale différence entre ces 3 familles de codage réside dans le fait que les deux codecs audio utilisent un modèle psychoacoustique, ce qui n'est pas le cas du G.722.1.

4.1.3.1. Codec G.722.1

Il est très utilisé dans la vidéoconférence et est normalisé dans la recommandation ITU-T G.722.1 (ITU-T 2005a). Il s'agit d'un codec bande élargie pouvant fonctionner suivant deux débits : 32 ou 24 kbit/s. L'encodeur segmente le signal en trames de 20 ms avec un recouvrement de 50%. Pour chaque trame, 320 coefficients MLT (Modulated Lapped Transform) sont calculés. Ces coefficients sont ensuite utilisés pour déterminer l'enveloppe d'amplitude. Ces coefficients MLT sont divisés en 16 régions chacune représentant une largeur de bande de 500 Hz du spectre et comportant 20 coefficients. La largeur de bande totale étant de 7000 Hz, seules les 14 premières régions sont considérées. Le spectre d'énergie de chaque région (aussi appelé puissance de région) est ensuite calculé puis quantifié.

Les indices des régions quantifiées sont par la suite utilisés lors d'une procédure de catégorisation visant la détermination des paramètres nécessaires à la quantification des coefficients MLT. Cette procédure de catégorisation fournit 16 catégorisations nécessitant chacune un nombre de bits différent pour l'encodage d'un même coefficient MLT (les coefficients MLT sont quantifiés et codés différemment pour les 16 catégorisations).

Les coefficients MLT de chaque région sont d'abord normalisés par l'enveloppe d'amplitude quantifiée de la région, puis soumis à une quantification scalaire dont les indices correspondants sont combinés en indices vectoriels. Ces derniers sont ensuite encodés via la technique de codage de Huffman (codage à longueur variable où le nombre de bits est lié à la fréquence d'apparition des indices vectoriels).

Finalement, à l'aide de 4 bits de commande, un commutateur de catégorisation détermine la catégorisation ayant un nombre de bits le plus proche du débit du canal. Puis, les bits de codes MLT de la catégorisation sélectionnée sont transmis au décodeur. La Figure 4.2 présente le principe de fonctionnement du codeur (Figure 4.2.a) et du décodeur du G.722.1 (Figure 4.2.b). Pour les détails concernant le décodeur, ils sont disponibles dans la recommandation ITU-T G.722.1.

L'annexe C du codec G.722.1, connu sous le nom de l'ITU-T G.722.1C, utilise le même algorithme de compression, à la différence près que la largeur de bande est étendue à la gamme de bande super élargie [50 Hz – 14000 Hz] pour 3 débits différents : 24, 32 et 48 kbits/s. Les différents paramètres sont généralement modifiés pour s'adapter au doublement de la largeur de bande (par exemple la fréquence d'échantillonnage passe de 16 kHz à 32 kHz). Toutefois, l'algorithme opère toujours sur des trames de 20 ms. Pour notre test, nous avons sélectionné les débits 24 et 32 kbit/s en ce qui concerne le G.722.1 et le débit 24 kbit/s pour son annexe C.

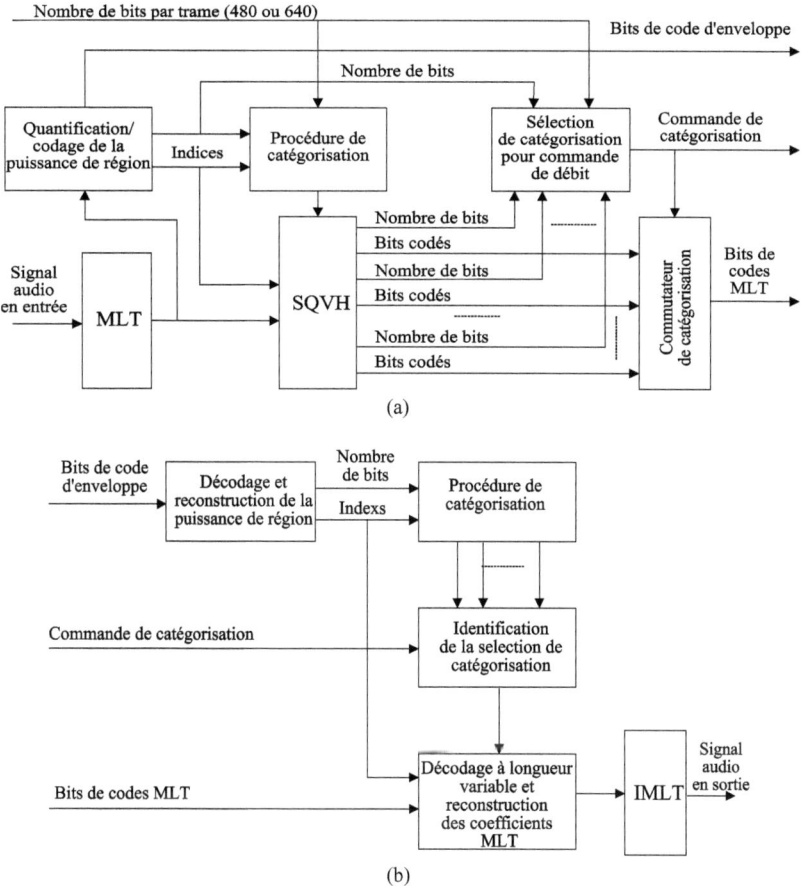

Figure 4.2 Codec G.722.1, (a) Encodeur et (b) Décodeur (Xie, Lindbergh et al. 2006)

4.1.3.2. Codec MP3

Le codec MP3 ou MPEG-1/2 Layer III est un codec MPEG optimisé pour produire de la haute qualité à bas débit (128 kbit/s pour un signal stéréo). Il peut fonctionner suivant plusieurs modes : monophonique, stéréo et « joint stereo ». Il peut également opérer suivant 3 fréquences d'échantillonnage : 32 kHz, 44,1 kHz et 48 kHz. Le MP3 n'impose pas de compression de débit fixe, mais celui-ci doit tout de même être compris entre 32 et 320 kbit/s. Pour notre étude, nous avons sélectionné les débits 32 et 64 kbit/s.

Le spectre du signal d'entrée est subdivisé en sous-bandes via un banc de filtres dit « hybride », car résultant de la mise en cascade d'un banc de filtres polyphase (utilisé dans le MPEG-1 Layer I et Layer II) et d'une MDCT (Figure 4.3). Le banc de filtres subdivise le spectre en 32 sous-bandes chacune transformée en 18 composantes spectrales MDCT (Figure 4.3) donnant ainsi un total de 576 lignes spectrales.

À partir du contenu fréquentiel fourni par l'analyse FFT réalisée sur 1024 points, le modèle psychoacoustique détermine le seuil de masquage dans chacune des sous-bandes spectrales. Celles-ci sont ensuite quantifiées de sorte que le bruit de quantification soit maintenu en dessous du seuil de masquage de la sous-bande concernée. Les composantes spectrales une fois quantifiées sont ensuite compressées via un codage de Huffman qui permet d'obtenir un taux de compression de 20 à 25%.

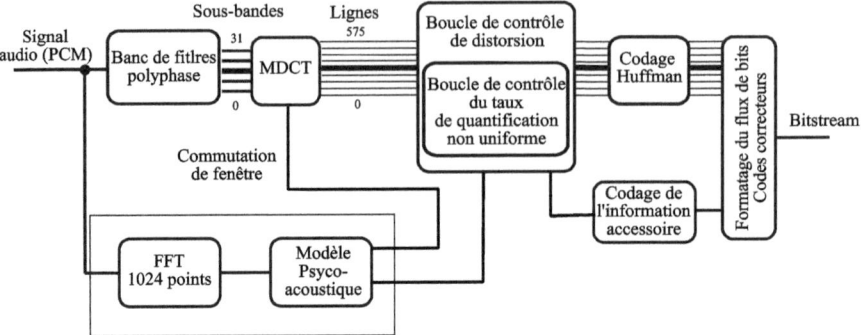

Figure 4.3 L'encodeur MPE-1/2 Layer-3

4.1.3.3. Codec High Efficiency Advanced Audio Coding (HE-AAC)

Le codec HE-AAC (High Efficiency Advanced Audio Coding) est un codeur dédié à la compression audio et à la diffusion de flux audio. La seconde version du HE-AAC (HE-AAC v2) que nous avons sélectionnée pour notre étude est utilisée pour les services multimédias du réseau UMTS (3GPP 2006).

Le cœur de son architecture est le codec Advanced Audio Coding ou AAC (Bosi, Brandenburg et al. 1997). Le codage AAC a en effet le même principe de fonctionnement que le codec MP3. Il améliore les performances du MP3 en utilisant un banc de filtres proposant une plus grande résolution fréquentielle (1024 au lieu de 576). Contrairement au MP3, le AAC utilise uniquement une MDCT (sans banc de filtres polyphase). En outre, il implémente une technique de mise en forme du bruit de quantification (Temporal Noise Shaping ou TNS) permettant l'amélioration de la qualité pour les bas débits.

La première version du HE-AAC fut obtenue en améliorant la largeur de bande du AAC via l'utilisation d'une technique de Réplication de la Bande Spectrale ou SBR (Spectral Band Replication) (Figure 4.4). La technique SBR est réalisée via deux traitements : dans un premier temps, les hautes fréquences sont estimées en copiant le spectre des basses fréquences et en les décalant, puis un ajustement est opéré en aval afin d'approcher au mieux le spectre original entier. Cette technique permet d'obtenir une qualité perceptive approximativement égale à celle qu'aurait fournie le codec cœur avec un débit double.

Plus tard, la technique de stéréo paramétrique (Parametric Stereo ou PS) fut rajoutée à la première version du HE-ACC pour donner naissance au HE-AAC v2. Le but du stéréo paramétrique est de construire une représentation paramétrique de l'image stéréo (panorama, ambiance, différence temporelle et fréquentielle). Au niveau de l'encodeur, une opération de « downmixage » (transformation du signal stéréo en signal monophonique) est appliquée au signal après l'extraction des paramètres du signal stéréo. Puis les paramètres du signal monophonique sont encodés pour constituer le flux binaire à transmettre au décodeur. On distingue 3 types de paramètres permettant de décrire le signal stéréo :
- la différence d'intensité inter-canaux (DII) : quantifiant la différence d'intensité entre les deux canaux,
- la corrélation croisée inter-canaux (CCI) : quantifiant la corrélation croisée entre les canaux,
- la différence de phase inter-canaux (DPI) : quantifiant la différence de phase entre les canaux. Alternativement, on peut utiliser la Différence Temporelle Inter-canaux (DTI).

Étant donné que nos autres codecs sont monophoniques, lors de notre étude les signaux traités par le codec HE-AAC ont tous été « downmixés ».

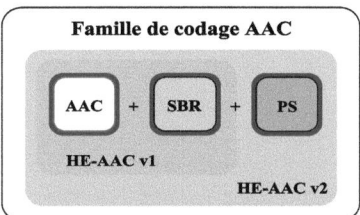

Figure 4.4 Famille de codage AAC

4.1.4. Groupe des codeurs CELP

Ce groupe est composé des codeurs AMR-WB (Adaptive Multi-Rate WideBand) (AMR-WB) ou G.722.2. Il s'agit de la version large bande du codec AMR (bande étroite) usuellement utilisé dans les réseaux mobiles 2 G et 3 G et basé sur la technique de codage CELP. L'AMR-WB est quant à lui utilisé dans la 3ème génération de téléphonie mobile et est normalisé dans la recommandation ITU-T G.722.2 (ITU-T 2003d).

L'AMR-WB dispose de 9 modes de fonctionnement correspondant aux 9 débits d'encodage possible : de 23,85 à 6,6 kbit/s. À partir du débit de 12,65 kbit/s, il fournit une qualité bande élargie de haute qualité. Les deux plus bas débits (8,85 et 6,6 kbit/s) sont utilisés lorsque le canal radio subit une sévère perturbation.

L'AMR-WB opère sur des trames de 20 ms avec une fréquence d'échantillonnage de 16 kHz. Le spectre est divisé en deux parties. Les basses fréquences ([50 Hz – 6400 Hz]) sont encodées par un codage ACELP tandis que les hautes fréquences ([6400 Hz – 7000 Hz]) sont reconstruites au niveau du décodeur grâce à des paramètres de la sous-bande basse et une excitation aléatoire de fréquence d'échantillonnage de 16 kHz.

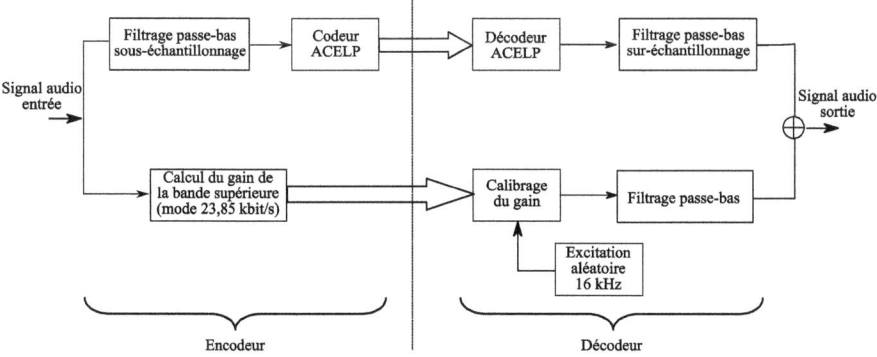

Figure 4.5 Codec G.722.2

4.1.5. Groupe de codeurs hybrides

Ce groupe est constitué des codecs G.729.1. Il est normalisé dans la recommandation ITU-T G.729.1 (ITU-T 2005c). C'est un codec utilisé dans la VoIP et la voix sur ATM (VoATM ou Voice over Asynchronous Transfer Mode). Notons qu'il est interopérable avec les codecs G.729 et ses annexes A et B. Le G.729.1 opère sur des trames de 20 ms avec une fréquence d'échantillonnage de 16 kHz par défaut.

Le choix de 20 ms comme longueur de trames sert à son interopérabilité avec le G.729 qui fonctionne sur des trames et sous-trames de longueurs respectives de 10 ms et 5 ms. Les trames du G.729.1 sont qualifiées de super-trames. Après l'encodage on obtient un flux binaire structuré en 12 couches correspondant aux 12 débits binaires disponibles allant de 8 à 32 kbit/s. La couche 1 est la couche centrale, elle correspond au débit de 8 kbit/s et permet l'interopérabilité avec le codec G.729. Le flux binaire peut être tronqué du côté du décodeur ou par tout composant du système de communication pour ajuster à la volée le débit binaire à la valeur désirée sans besoin de signalisation hors bande.

La Figure 4.6 (a) et (b) présente un synoptique du fonctionnement des codecs G.729.1. Le spectre du signal à encoder est subdivisé en deux sous-bandes via un filtre QMF : sous-bande basse ([50 Hz – 4000 Hz]) et sous-bande haute ([4000 Hz – 7000 Hz]). Après subdivision du spectre, l'algorithme de l'encodeur suit les étapes suivantes :
- codage CELP de bande inférieure [50 Hz – 4000 Hz],
- codage paramétrique de la bande supérieure [4000 Hz – 7000 Hz] par extension de largeur de bande dans le domaine temporel ou TDBWE (Time-Domain Bandwidth Extension),
- l'amélioration de la bande complète [50 Hz – 7000 Hz] est obtenue par une technique de codage à transformation prédictive connue sous le nom d'annulation de repliement du domaine temporel ou TDAC (Time-Domain Aliasing Cancellation).

Le signal de la bande inférieure après décimation est encodé via la technique CELP. Le signal en sortie du codeur CELP est traité par un filtre perceptif dont les paramètres dérivent de la quantification des coefficients de la prédiction linéaire. La différence pondérée est transformée dans le domaine fréquentiel par une transformation MDCT. Le signal de la bande supérieure après décimation et repliement spectral (symbolisé par $(-1)^n$ sur la Figure 4.6) est également transformé en composantes fréquentielles par une transformation MDCT. Les coefficients spectraux issus de la transformation MDCT sont finalement codés par le codeur TDAC avec un débit allant de 16 à 32 kbit/s. Afin de lutter contre les effacements de trames, certains paramètres sont estimés par le codeur FEC (Frame Erasure Cancealment) à partir de la sous-bande basse du signal.

Nous qualifions dans notre étude le codec G.729.1 par le terme hybride, car il utilise les techniques de codage AbS (CELP) et de codage par transformée (MDCT). Cela peut en réalité prêter à confusion avec les codecs CELP qui sont qualifiés de codecs hybrides dans la littérature, dans la mesure où ils utilisent la technique de codage par forme d'onde et celle du codage paramétrique.

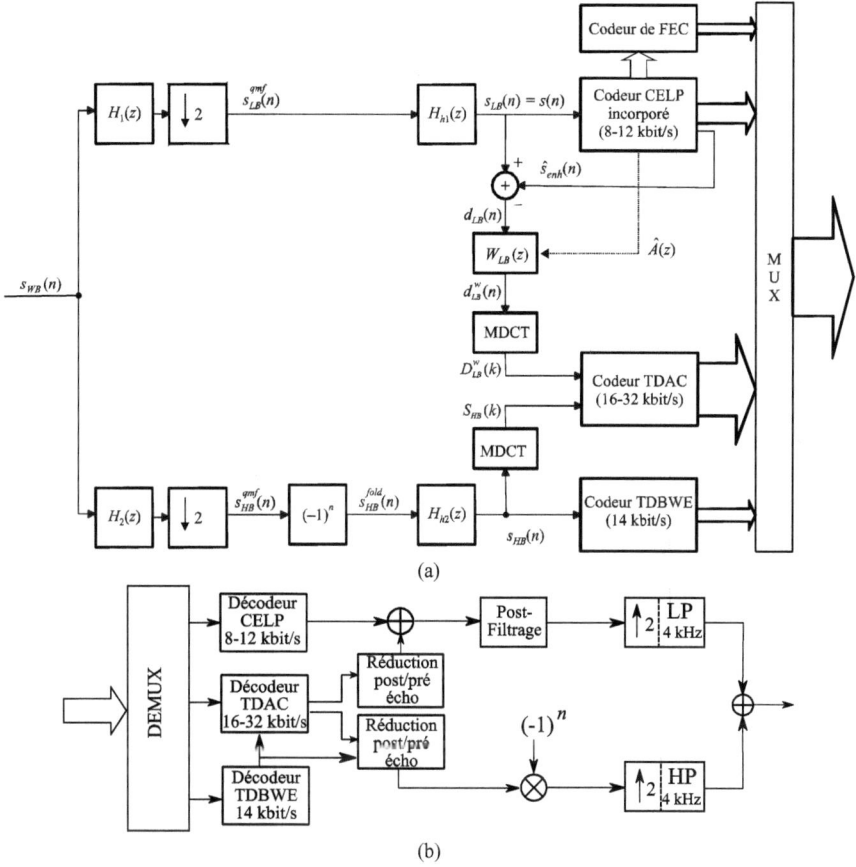

Figure 4.6 Codec du G.729.1, (a) Encodeur et (b) Décodeur

4.2. Rappels sur les tests de dissimilarités de l'espace perceptif initial

4.2.1. Construction des stimuli

Dans l'optique d'introduire des niveaux de dégradations différents, une technique de tandeming (transcodage) d'ordres 2 et 3 (tandems) a été appliquée à ces 19 codecs. La largeur de bande des 58 conditions (3 tandems pour chaque codec plus la condition initiale correspondant au signal original) a ensuite été limitée à la bande élargie ([50 Hz – 7000 Hz]) en utilisant le filtre P.341 (ITU-T 2005b). Cette opération vise à inhiber l'influence de la largeur de bande sur le jugement des testeurs. Dès lors, la fréquence d'échantillonnage de tous les stimuli est de 16 kHz. Afin de respecter les conditions de passation de tests de dissimilarités, ils ont tous été sur-échantillonnés à 48 kHz.

Un test ACR a été réalisé sur les 58 conditions ainsi obtenues. À l'issue de ce test, seuls 20 codecs/tandems ont été conservés. Le choix des codecs retenus a porté sur les stimuli qui conduisaient à une note MOS « acceptable », c'est-à-dire comprise entre 2,5 et 3,5 sur une échelle de 5, et ce, pour que les jugements de dissimilarité portent plus sur la perception des dégradations que sur la qualité globale.

Chapitre 4   Identification des dimensions de l'espace perceptif des codecs de la parole et du son

Les 20 codecs/tandems sélectionnés sont présentés dans le Tableau 4.2. Dans ce tableau, la description des codecs est sous la forme C_D_T où C désigne le type de codec, D le débit choisi et T l'ordre du transcodage. Ainsi le codec/tandem 1 par exemple est un codec G.722.1C (annexe C du G.722.1) de débit 24kbit/s, qui a subi un transcodage d'ordre 2.
Finalement, les stimuli sont obtenus en traitant deux signaux originaux par les 20 codecs/tandems. Ces deux signaux sont des phrases doubles en français prononcées par un homme et par une femme. Ils ont une durée de 6 s et une courte pause de 500 ms sépare les deux phrases de chacune des doubles phrases. La double phrase prononcée par l'homme est la suivante : « "La vanille est la reine des aromes. Fragile, il ne résiste pas à l'air glacé. », et celle prononcée par la femme est : « Nous lui coupons net ses effets. Pascal a un gros problème. ».

Indice	Description	Indice	Description
1	G722.1C_24kbps_x2	11	G722_56kbps_x2
2	G722.1C_24kbps_x3	12	G722_56kbps_x3
3	G722.1_24kbps_x2	13	G729.1_14kbps_x3
4	G722.1_24kbps_x3	14	G729.1_20kbps_x3
5	G722.2_12.65kbps_x2	15	G729.1_24kbps_x2
6	G722.2_12.65kbps_x3	16	G729.1_32kbps_x3
7	G722.2_15.85kbps_x2	17	HEAAC_24kbps_x2
8	G722.2_8.85kbps_x2	18	HEAAC_32kbps_x2
9	G722_48kbps_x2	19	MP3_32kbps_x1
10	G722_48kbps_x3	20	MP3_32kbps_x2

Tableau 4.2 Liste des 20 codecs/tandems retenus (Etame 2008)

4.2.2. Procédure du test de dissimilarité

Deux tests de dissimilarités ont été effectués, respectivement sur les voix masculine et féminine durant lesquels ont participé respectivement 25 et 28 testeurs pour les voix d'homme et de femme.
Au cours des tests, les sujets s'installaient devant un ordinateur, seuls, dans une salle insonorisée. Le logiciel utilisé est le CRC-SEAQ (Centre de Recherches sur les Communications Canada – System for the Evaluation of Audio Quality) sur lequel l'interface choisie était celle de MUSHRA présentée sur la Figure 4.7.
Le test de dissimilarité consiste en effet à effectuer une comparaison par paires (A, B) des 20 stimuli. Plus précisément, il a été demandé aux testeurs d'écouter les différentes paires (210 paires = C_{20}^2 + 20 paires nulles) et de leur attribuer une note sur une échelle continue variant de 0 (échantillons perçus comme identiques) à 100 (échantillons perçus comme très différents). Cette note quantifie la distance perceptive entre les stimuli de la paire. À l'issue du test de dissimilarité, on obtient, pour chaque auditeur, une matrice de dissimilarités. Les paires nulles correspondent aux paires comportant deux stimuli identiques. Elles permettent de vérifier la fiabilité des votes des auditeurs. En effet, une paire nulle doit avoir une note de dissimilarité nulle, et, par conséquent, lorsqu'un testeur a une moyenne de note de paires nulles assez élevée, il doit être rejeté. Ainsi, lorsque la moyenne des scores attribués aux paires nulles par un testeur est supérieure à 10, il est rejeté. Cependant, il peut arriver qu'un testeur jugé fiable ait attribué à quelques paires nulles des notes de dissimilarité avoisinant 0. Dans ce cas-ci, la diagonale de sa matrice est forcée à 0. Cette opération permet d'avoir des « vraies » matrices de dissimilarités, qui, théoriquement, ont leur diagonale nulle.
À partir des critères de rejet évoqués plus haut, au cours des tests de dissimilarité, ont été rejetés respectivement 5 testeurs et 1 testeur pour les locuteurs homme et femme.

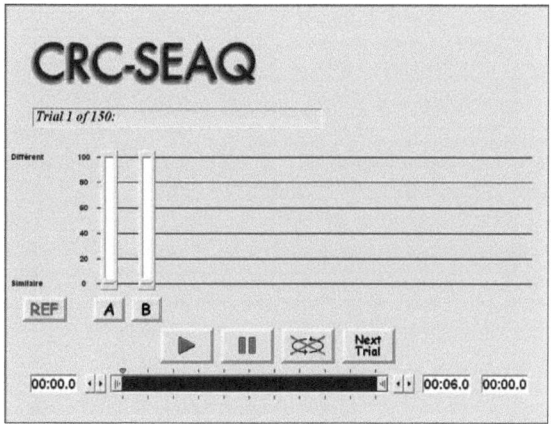

Figure 4.7 Interface MUSHRA du logiciel de test CRC-SEAQ

Une fois les matrices de dissimilarités obtenues, nous leur avons appliqué les deux techniques de réduction de dimensionnalité (INDSCAL et AFM) afin d'obtenir les espaces perceptifs des codecs étudiés.

4.3. Analyse MDS pondérée

Les 20 et 27 matrices des sujets fiables obtenues respectivement pour les voix homme et femme sont traitées par l'analyse MDS 3-voies. Le choix du modèle de MDS s'est porté sur INDSCAL car ce modèle suppose que les auditeurs n'accordent pas le même poids aux différentes dimensions.

Deux testeurs attribueront toujours (sauf pure coïncidence) des notes différentes à une paire de stimuli donnée. Aussi, convient-on que l'ordre des dissimilarités a plus de signification dans notre étude que leur valeur. Subséquemment, nous avons choisi le modèle non métrique de la MDS. Toutes les analyses relatives à INDSCAL ont été réalisées via SPSS 19, le logiciel d'IBM.

4.3.1. Détermination du nombre de dimensions

Apparu plus optimal que l'algorithme ALSCAL, l'algorithme retenu pour réaliser l'analyse INDSCAL est l'algorithme PROXSCAL. Nous rappelons que PROXSCAL minimise l'erreur d'approximation entre les distances alors qu'ALSCAL minimise l'erreur d'approximation des distances au carré. Ainsi dans l'algorithme PROXSCAL, les distances entre les projections des stimuli sont plus proches des dissimilarités initiales.

Sous SPSS, cet algorithme minimise le stress pour des configurations allant de 2 à $(n-1)$ dimensions. Nous rappelons que, pour une configuration donnée, le processus itératif visant la minimisation du stress s'arrête lorsque l'un des 3 critères cités ci-dessous par ordre de priorité est vérifié :

- l'amélioration du stress brut normalisé $Delta = stress_i - stress_{i-1}$ est inférieure à une valeur fixée par l'utilisateur, où $stress_i$ représente le stress de la $i^{ème}$ itération,
- le stress brut normalisé de l'itération en cours $stress_i$ est inférieur à une valeur fixée par l'utilisateur,
- le nombre d'itérations atteint une valeur maximale fixée par l'utilisateur.

Les valeurs des critères d'arrêt influencent la précision de l'approximation. Ainsi, plus les valeurs des deux premiers critères sont faibles, meilleure est la précision d'approximation. En ce qui concerne le premier critère, nous avons fixé *Delta* à 10^{-11} et la valeur minimale admise du stress (second critère d'arrêt) a été fixée à 0. Quant au nombre maximal d'itérations, nous avons choisi le maximum possible sous SPSS.

Théoriquement, on peut projeter n stimuli dans un espace à $(n-1)$ dimensions sans perdre d'information. Ainsi, plus le nombre de dimensions est élevé, plus le stress diminue. Cependant, rappelons que le but de la réduction de dimensionnalité est d'avoir le minimum de dimensions de l'espace de projection garantissant la conservation de l'information essentielle.

Pour déterminer le nombre optimal de dimensions, il n'existe pas de règle universelle même si plusieurs auteurs ont déjà avancé différentes méthodes. Par exemple, la technique la plus couramment employée est l'étude de la courbe du stress (ou scree plot). L'apparition du coude dans la courbe du stress signifie que l'augmentation du nombre de dimensions ne diminue plus le stress de manière significative. Ainsi, on retient comme dimensions celles précédant le coude, mais la détection de ce coude n'est pas toujours aisée.

Ainsi, comme autre approche, on peut citer le critère de Storms stipulant que, si n et d désignent respectivement le nombre de stimuli étudiés et le nombre optimal de dimensions, l'inégalité suivante doit être vérifiée :

$$n > 4d .\qquad(4.1)$$

Finalement, le nombre optimal de dimensions est décidé en analysant la possibilité d'interprétations des dimensions retenues. Si le choix d'un nombre élevé de dimensions est idéal, puisque l'on minimise l'erreur d'approximation, leur interprétation s'en trouve complexifiée.

La Figure 4.8 présente les courbes du stress brut normalisé pour les configurations allant de 2 à 19 dimensions pour les locuteurs homme (Figure 4.8.a) et femme (Figure 4.8.b). Force est de reconnaître que la détection d'un coude est difficile. Toutefois, les tableaux 4.3 et 4.4 représentant les améliorations des stress respectivement pour le locuteur homme et femme montrent qu'à partir de la configuration à 5 dimensions l'amélioration est très faible, la différence de stress étant alors égale à 0,011 et 0,009 respectivement pour les locuteurs homme et femme.

Par ailleurs Kruskal, a établi une relation entre la valeur du stress et la qualité de l'approximation de la configuration correspondante (Kruskal 1964a). Cette relation est présentée dans le Tableau 4.5 (Kruskal 1964b). En observant ce tableau, on constate qu'une bonne approximation n'est obtenue qu'après la 3ème dimension (voix homme et femme). D'après le critère de Storms, étant donné qu'on a 20 stimuli, le nombre de dimensions doit être strictement inférieur à 5. Par suite, nous choisirons 4 comme nombre optimal de dimensions.

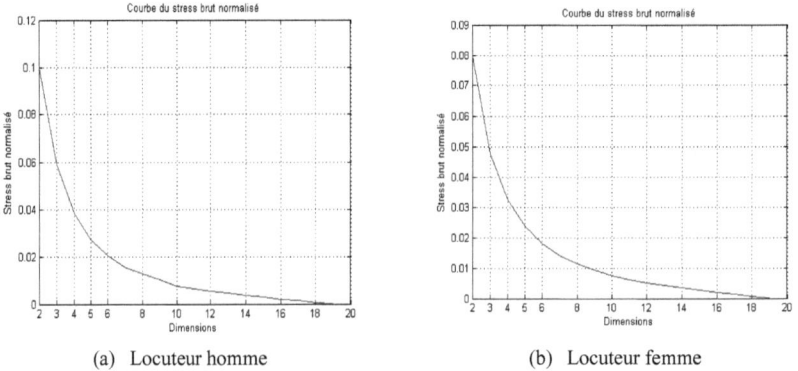

(a) Locuteur homme   (b) Locuteur femme

Figure 4.8 Courbe du stress brut normalisé en fonction des différentes configurations

Dimensions	2	3	4	5	6
Stress	0.1	0.058	0.038	0.027	0.020
Différence		0.041	0.02	0.011	0.007

Tableau 4.3 Pourcentage et valeur des améliorations du stress brut normalisé (locuteur homme)

Dimensions	2	3	4	5	6
Stress	0.084	0.05	0.032	0.024	0.018
Différence		0.034	0.017	0.009	0.006

Tableau 4.4 Pourcentage et valeur des améliorations du stress brut normalisé (locuteur femme)

Stress	Qualité d'approximation
>0,2	Mauvaise
0,10	Passable
0,05	Bonne
0,025	Excellente
0,00	Parfaite

Tableau 4.5 Stress et qualité d'approximation

Le diagramme de droite sur la Figure 4.9 est appelé diagramme de Shepard. Il représente la relation entre les disparités (dissimilarités transformées) et les distances entre les stimuli dans la configuration à 4 dimensions. Seules les courbes de 3 sources (ou 3 testeurs) parmi les 20 (dans le cas du locuteur homme) ont été présentées sur cette figure pour une meilleure lisibilité. On peut remarquer sur ce diagramme que les 3 courbes sont toutes croissantes (monotones) et non linéaires. On en déduit que notre choix porté sur une transformation ordinale est juste. En effet, des courbes linéaires auraient indiqué une transformation du type « rapport ».

Le diagramme de droite est celui des résidus où sont présentées en abscisses les proximités transformées et en ordonnées les distances correspondantes.

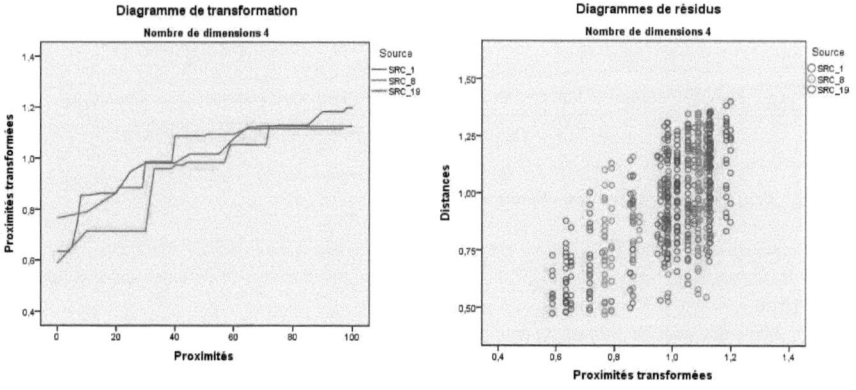

Figure 4.9 Diagramme de Shepard pour la configuration à 4 dimensions – locuteur homme

Chapitre 4   Identification des dimensions de l'espace perceptif des codecs de la parole et du son

4.3.2. Description des dimensions de l'espace perceptif pour le locuteur homme

La Figure 4.10.a présente le plan (Dimension 1, Dimension 2) de l'espace perceptif à 4 dimensions obtenu à l'issue des tests de dissimilarité portant sur la voix d'homme. On remarque que les codecs G.722.2 (les stimuli 5 à 8) sont situés à l'extrémité positive de la dimension 1. Les codecs G.729.1 de moins bonne qualité (ceux ayant les débits les plus faibles) sont également situés à proximité de ce groupe. Il apparaît donc que cette dimension sépare les codecs implémentant la technique de codage CELP des autres codecs. Par ailleurs, le fait que les deux autres stimuli 15 et 16 relevant du codec G.729.1 ne se retrouvent pas avec le groupe formé par les stimuli 13 et 14 et les codecs G.722.2 peut s'expliquer par le fait que la qualité des stimuli 15 et 16 est améliorée grâce au codeur TDAC qu'ils intègrent.

La dimension 2 est mise en évidence par le positionnement isolé à son extrémité positive des codecs par forme d'onde (stimuli 9 à 12). Nous pouvons donc affirmer que la dimension 2 est liée au codage par forme d'onde dans l'espace de la voix homme.

La Figure 4.10.b présente le plan (Dimension 3, Dimension 4) où l'on peut observer sur la dimension 3 la position des codecs MDCT (stimuli 17 et 20) à l'extrémité positive. À l'exception du stimulus 18, tous les codecs de la famille MDCT ont des coordonnées positives sur cette dimension. Il semble donc que la dimension 3 soit représentative de ces codecs MDCT. Notons également que le stimulus 17 est le codec HE-AAC ayant le plus bas débit dans notre base de données et que le stimulus 20 est le codec MP3 ayant le plus grand nombre de transcodages. Ce sont donc les deux stimuli de moins bonne qualité dans la famille des codecs MDCT, ce qui peut expliquer leur position extrême sur cette dimension.

Quant à la dimension 4, elle met en relief les codecs hybrides (les codecs G.729.1) qui sont tous situés à son extrémité négative.

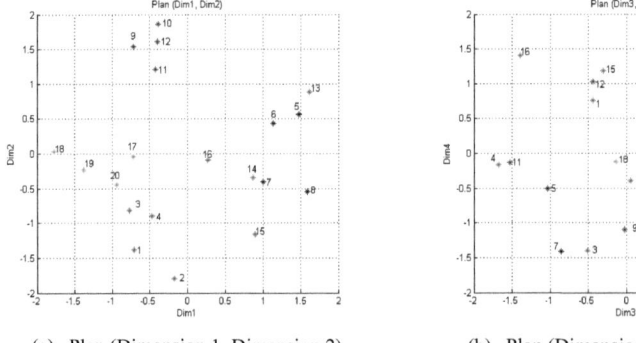

(a) Plan (Dimension 1, Dimension 2)   (b) Plan (Dimension 3, Dimension 4)

Figure 4.10 Plan de l'espace perceptif – INDSCAL – Locuteur homme

4.3.3. Projection des individus – locuteur homme

Rappelons que l'analyse INDSCAL est basée sur les distances euclidiennes pondérées. Les individus étant différenciés par le poids (variant de 0 à 1) associé aux dimensions de leur espace de projection individuel.

De même que pour les stimuli, on peut projeter les testeurs dans l'espace perceptif à 4 dimensions. La coordonnée d'un testeur sur une dimension donnée correspond au poids que celui-ci lui a attribué. De l'analyse des différents plans de projection des individus, il ressort que tous les testeurs attribuent à peu près la même pondération aux différentes dimensions (Figure 4.11). Il faut cependant noter que le poids accordé à la première dimension est légèrement plus élevé pour la plupart des testeurs. Seuls les individus 5, 10 et 15 présentent des particularités. L'individu 5 accorde plus d'importance à la 4ème dimension qu'aux autres dimensions auxquelles il accorde à peu près le même poids. L'individu 10, quant à lui, accorde des poids identiques aux deux premières dimensions, et de même pour les deux autres dimensions auxquelles il accorde, du reste, un poids plus important. Enfin, l'individu 15 accorde un poids à peu près identique aux 3 dernières dimensions et moins de la moitié de ce poids à la première dimension.

Si l'on exclut ces individus de l'analyse, on ne constate aucun changement important. En conséquence, nous avons choisi de les conserver pour la suite des analyses.

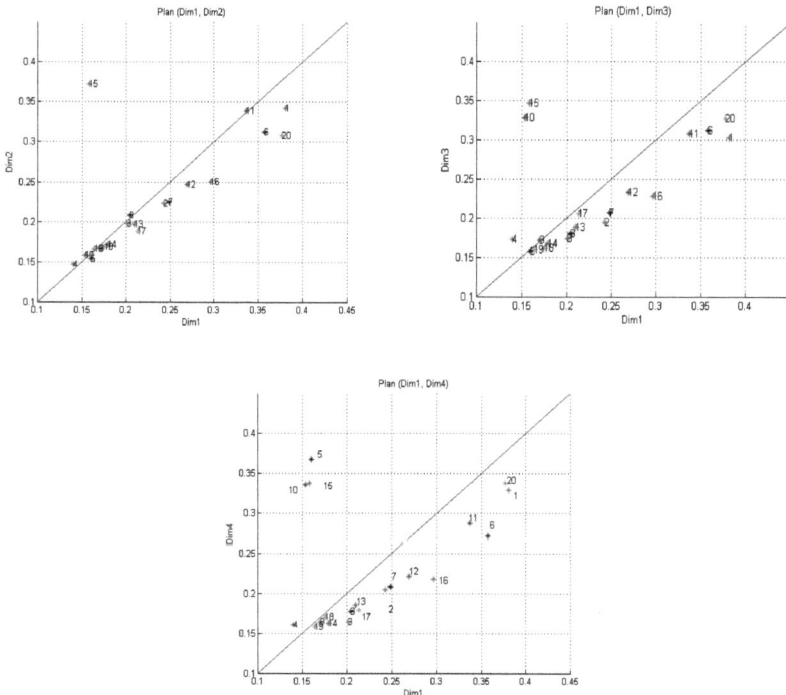

Figure 4.11 Plans de projection des individus (testeurs) – INDSCAL – Locuteur homme

4.3.4. Description des dimensions de l'espace perceptif pour le locuteur femme

La Figure 4.12.a présente le plan (Dimension 1, Dimension 2) de l'espace perceptif pour le locuteur femme. Comme dans le cas du locuteur homme, la dimension 1 sépare les codecs CELP des autres. De même, la dimension 2 sépare distinctement les codecs par forme d'onde (stimuli 9 à 12) des autres codecs.

Sur la Figure 4.12.b, on s'aperçoit plus aisément (que dans le cas du locuteur homme) que les dimensions 3 et 4 sont respectivement caractérisées par les codecs MDCT (stimuli 17 à 20) et les codecs hybrides (stimuli 13 à 16).

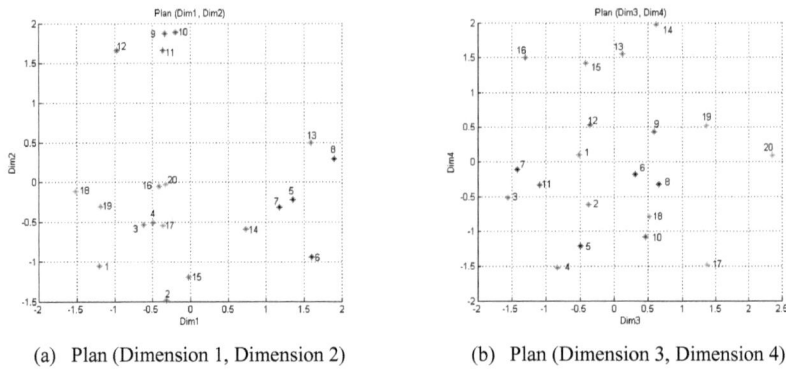

(a) Plan (Dimension 1, Dimension 2) (b) Plan (Dimension 3, Dimension 4)

Figure 4.12 Plan de l'espace perceptif – INDSCAL – Locuteur femme

4.3.5. Projection des individus – locuteur femme

Similairement, nous avons fait une projection des individus dans l'espace perceptif à 4 dimensions. Dans le cas du locuteur femme, la plupart des individus pondèrent à hauteur égale les 4 dimensions. Seuls les individus 5, 10, 15 et 24 se démarquent des autres en pondérant une ou plusieurs dimensions plus que les autres (Figure 4.13).

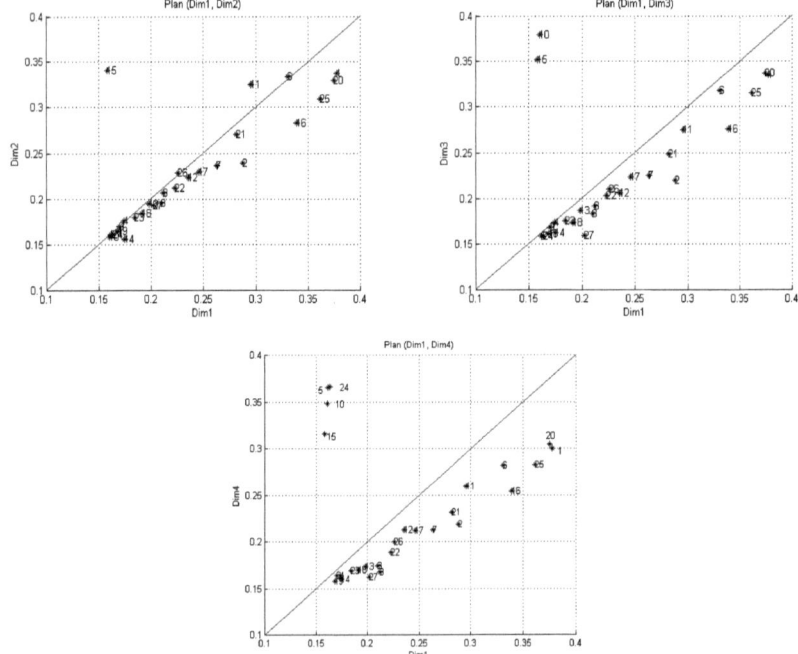

Figure 4.13 Plan de projection des individus (testeurs) – INDSCAL – Locuteur femme

4.3.6. Corrélation entre les espaces des locuteurs homme et femme

Le Tableau 4.6 présente les corrélations entre les coordonnées des stimuli de la configuration à quatre dimensions issues des tests basés sur les voix d'homme et de femme. Ce tableau révèle des corrélations élevées sur la diagonale entre les espaces perceptifs des locuteurs homme et femme, qui vont en décroissant entre la dimension 1 et la dimension 4.

		Dimension de la locutrice			
		Dim 1	Dim 2	Dim 3	Dim 4
Dimension du locuteur	Dim 1	0.92	-0.14	-0.24	0.31
	Dim 2	0.09	0.88	0.12	0.01
	Dim 3	0.21	-0.04	0.83	0.07
	Dim 4	-0.28	-0.02	0.04	0.56

Tableau 4.6 Corrélations entre les espaces perceptifs des locuteurs homme et femme – INDSCAL

4.4. Analyse AFM métrique

4.4.1. Nombre de dimensions

Dans cette section, nous présentons les résultats des études similaires à celles faites via INDSCAL en appliquant ici la technique AFM de réduction de dimensionnalité, et plus exactement la technique AFTD étant donné que nous avons des matrices de dissimilarités.

Pour ce faire, les matrices de dissimilarités sont initialement transformées en matrices de distances euclidiennes E_k. Puis, une ACP est appliquée à chaque E_k pour donner la matrice composée de leurs facteurs principaux de taille $n \times p_k$ où n est le nombre de stimuli et p_k le nombre de facteurs principaux. Finalement, c'est donc sur les matrices E_k que l'algorithme de l'AFM est appliqué.

Le choix du nombre de dimensions peut être fait via l'analyse de la courbe des valeurs propres. La Figure 4.14 présente les courbes des valeurs propres obtenues après l'analyse AFM respectivement pour les locuteurs homme (Figure 4.14.a) et femme (Figure 4.14.b). Même si les deux courbes sont moins lisses que celles du stress brut normalisé (Figure 4.8), le « coude » reste difficile à identifier (plus particulièrement pour le locuteur homme).

Par la suite nous qualifierons par le terme « dimensions » les facteurs propres issus de l'analyse AFM. Sur la Figure 4.14.a on peut observer un premier coude autour de la deuxième dimension. Toutefois, les deux premières dimensions ne contribuent qu'à hauteur de 27,48 % de la variance totale expliquée. La contribution d'une dimension à la variance expliquée totale est liée à la valeur propre qui lui est associée. Sur cette même figure nous pouvons également noter une légère cassure au niveau de la 5ème dimension. Par conséquent, on choisira la valeur 4 comme nombre optimal de dimensions pour le locuteur homme. Dans le cas du locuteur femme, sur la courbe des valeurs propres de la Figure 4.14.b, nous pouvons percevoir distinctement un coude au niveau de la 5ème dimension et donc retenir, là aussi, les 4 premiers facteurs principaux.

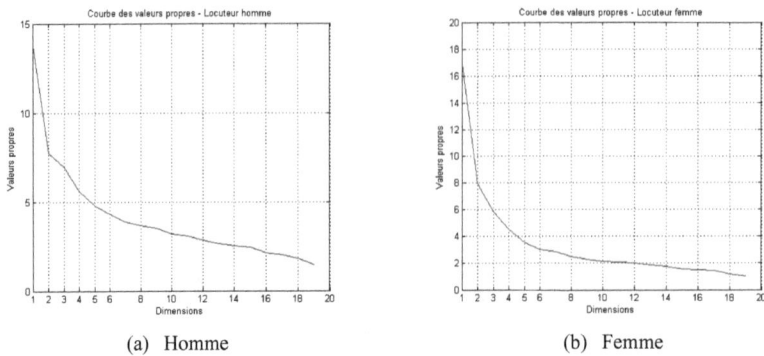

(a) Homme (b) Femme

Figure 4.14 Courbes des valeurs propres de l'analyse AFM métrique

4.4.2. Description des dimensions de l'espace perceptif pour le locuteur homme

La Figure 4.15 présente les projections des codecs sur les 4 dimensions de l'espace perceptif obtenu à partir des résultats de tests pour le locuteur homme. Le premier constat est que, comme dans le cas de l'analyse basée sur INDSCAL, la dimension 1 sépare les codecs CELP (G.729.1 et G.722.2) des autres codecs : seuls ces codecs ont des coordonnées positives sur la dimension 1. En revanche, la dimension 2 sépare les deux types de codecs CELP : sur la partie négative de cette dimension, on retrouve les codecs CELP « purs », *i.e.* les codecs G.722.2 (stimuli 5 à 8), et, de l'autre côté, les codecs hybrides G.729.1 (stimuli 13 à 16).

Sur la dimension 3, la famille des codecs par forme d'onde est la seule dont tous les stimuli (stimuli 9 à 12) ont des coordonnées positives sur cette dimension.

Sur la dimension 4, les codecs MDCT de moins bonne qualité (stimuli 17 et 20) se localisent sur l'extrémité négative de l'axe.

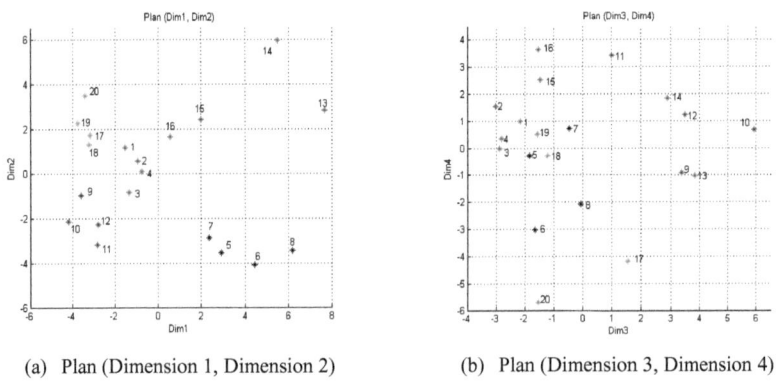

(a) Plan (Dimension 1, Dimension 2) (b) Plan (Dimension 3, Dimension 4)

Figure 4.15 Plan de l'espace perceptif – AFM métrique – Locuteur homme

4.4.3. Description des dimensions de l'espace perceptif pour le locuteur femme

Dans l'espace perceptif relatif au locuteur femme, on remarque encore que la dimension 1 sépare les codecs ayant la technologie CELP des autres codecs (Figure 4.16.a). En ce qui concerne la dimension 2, les codecs par forme d'onde sont situés à son extrémité positive et les codecs MDCT à son extrémité négative. Pour la dimension 3, seuls les groupes de codecs MDCT (stimuli 17 à 20) et hybrides (stimuli 13 à 16) ont tous leurs éléments présentant une coordonnée positive sur cette dimension (Figure 4.16.b). Toutefois, les codecs hybrides se distinguent davantage sur la dimension 4 (à l'exception du stimulus 13).

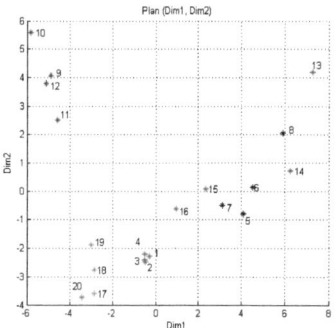
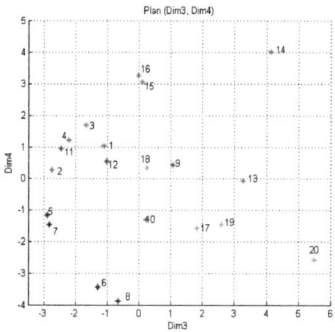

(a) Plan (Dimension 1, Dimension 2)   (b) Plan (Dimension 3, Dimension 4)

Figure 4.16 Plan de l'espace perceptif – AFM métrique – Locuteur femme

4.4.4. Corrélation entre les espaces des locuteurs homme et femme

Suite à l'analyse AFM, nous présentons ici les résultats des corrélations entre l'espace du locuteur homme et celui du locuteur femme. À la lecture du Tableau 4.7, les espaces apparaissent corrélés, mais la relation d'ordre que l'on avait trouvée dans l'analyse par MDS (section 4.3.6) n'est plus conservée. En effet, les dimensions 2, 3 et 4 de l'espace du locuteur homme sont corrélées respectivement aux dimensions 4, 2 et 3 de l'espace du locuteur femme. Un tel résultat peut s'expliquer par le fait que, excepté la première dimension, les autres présentent une contribution à la variance expliquée totale comparable, et ce, essentiellement dans le cas du locuteur homme. En effet, dans ce cas, les quatre premières dimensions contribuent respectivement à la variance expliquée totale à hauteur de 17,67%, 9,81%, 8,85% et 7,12%. Ces contributions sont respectivement de 26,02%, 11,76%, 8,64% et 6,97% dans le cas du locuteur femme.

		Dimensions Locuteur femme			
		Dim 1	Dim 2	Dim 3	Dim 4
Dimensions Locuteur homme	Dim 1	-0.97	0.21	0.05	0
	Dim 2	-0.05	-0.37	0.56	0.68
	Dim 3	0.19	0.79	0.35	0.11
	Dim 4	-0.02	-0.28	0.58	-0.56

Tableau 4.7 Corrélations entre les espaces perceptifs des locuteurs homme et femme – AFM métrique

4.5. Analyse AFM non métrique

Nous rappelons que, dans l'optique de ne prendre en considération que le rang des dissimilarités, nous avions opté pour une MDS non métrique où les dissimilarités sont transformées en disparités via une transformation ordinale.

Aussi, afin de comparer plus objectivement les résultats obtenus par les analyses INDSCAL et AFM, avons-nous considéré une approche non métrique de l'AFM. Ainsi, avant d'appliquer l'AFM nous avons préalablement transformé toutes les matrices de dissimilarités en matrices de disparités en utilisant la même fonction que celle utilisée par INDSCAL pour effectuer une transformation ordinale.

La Figure 4.17 présente les courbes des valeurs propres obtenues après une analyse AFM non métrique. On constate qu'avec une telle transformation on détecte plus facilement le coude au niveau de la 5ème dimension, sur les courbes des valeurs propres relatives aux deux locuteurs. Ceci signifie que les contributions des dimensions situées au-delà de la 4ème dimension sont très peu significatives. Ce résultat vient renforcer nos premières analyses et nous conforter dans la décision de ne conserver que les 4 premiers facteurs propres.

Le Tableau 4.8 montre la corrélation entre les dimensions des espaces issus de l'analyse AFM non métrique des matrices de dissimilarités pour les locuteurs homme et femme. On note une corrélation élevée entre les dimensions 1 (et les dimensions 2) des deux espaces. Les contributions à la variance totale expliquée des dimensions 3 et 4 étant pratiquement égales (environ 8% et 9% respectivement pour les locuteurs homme et femme), elles peuvent justifier l'inversion des deux dernières dimensions dans les deux espaces.

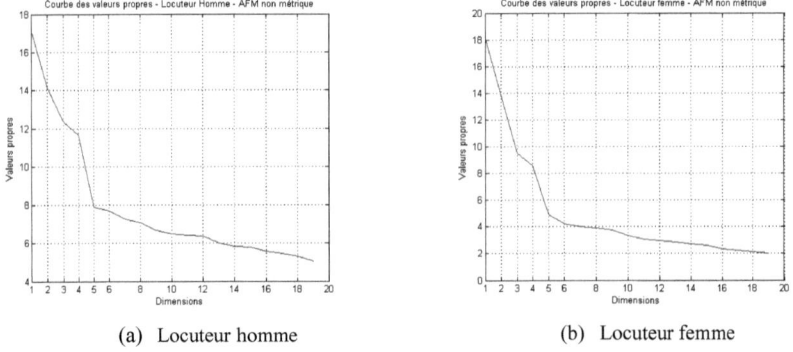

(a) Locuteur homme (b) Locuteur femme

Figure 4.17 Dendrogramme – AFM non métrique

		Dimensions Locuteur femme			
		Dim 1	Dim 2	Dim 3	Dim 4
Dimensions Locuteur homme	Dim 1	0.86	-0.48	0.04	-0.14
	Dim 2	0.48	0.81	0.14	0.17
	Dim 3	-0.09	0.12	0.32	-0.87
	Dim 4	-0.1	-0.22	0.84	0.34

Tableau 4.8 Corrélations entre les espaces perceptifs des locuteurs homme et femme – AFM non métrique

4.6. Corrélations entre les espaces AFM et INDSCAL

4.6.1. Corrélation entre INDSCAL et AFM métrique

Concernant l'étude des corrélations entre les dimensions des espaces INDSCAL et AFM qui suivra, nous prendrons comme espace de référence celui de l'analyse INDSCAL. Ainsi, ce sera l'espace de l'AFM qui sera toujours comparé à celui de l'INDSCAL.

Le Tableau 4.9 présente les corrélations entre les espaces obtenus à partir des analyses INDSCAL et AFM métrique réalisées sur les matrices de dissimilarités du locuteur homme.

Les dimensions des deux espaces présentent des corrélations relativement élevées. La première dimension obtenue par l'analyse INDSCAL est très corrélée à la première dimension obtenue par l'analyse AFM. Si l'on examine les valeurs propres issues de l'analyse AFM métrique, il s'avère que la première valeur propre est à peu près le double des autres valeurs propres. En revanche, les valeurs propres des dimensions 2, 3 et 4 sont très proches (7,72, 6,96 et 5,60), ce qui explique le fait que seule la dimension 1 conserve son rang dans les deux analyses.

Le Tableau 4.10 présente les mêmes résultats pour le locuteur femme. Les dimensions 1 à 4 de l'espace INDSCAL sont fortement corrélées respectivement aux dimensions 1 et 4 de l'espace de l'AFM métrique. En effet, contrairement au cas du locuteur homme la valeur propre associée à la seconde dimension dans l'analyse AFM métrique (10,48) est plus grande que celle des dimensions 3 et 4 (respectivement 7,7 et 6,21).

Locuteur homme		Dimensions AFM			
		Dim 1	Dim 2	Dim 3	Dim 4
Dimensions INDSCAL	Dim 1	0.86	-0.31	0.14	0.24
	Dim 2	-0.3	-0.35	0.75	-0.07
	Dim 3	-0.16	0.38	0.25	0.7
	Dim 4	0.41	0.52	0.23	-0.34

Tableau 4.9 Corrélations entre les espaces perceptifs des analyses INDSCAL et AFM métrique – Locuteur homme

Locuteur femme		Dimensions AFM non métrique			
		Dim 1	Dim 2	Dim 3	Dim 4
Dimensions INDSCAL	Dim 1	-0.85	0.37	-0.07	-0.1
	Dim 2	0.34	0.76	0.16	-0.16
	Dim 3	-0.07	-0.03	0.78	-0.18
	Dim 4	-0.03	0.11	0.18	0.62

Tableau 4.10 Corrélations entre les espaces perceptifs des analyses INDSCAL et AFM métrique – Locuteur femme

4.6.2. Corrélation entre INDSCAL et AFM non métrique

Les Tableaux 4.11 et 4.12 synthétisent respectivement les corrélations entre les analyses INDSCAL et AFM non métrique pour les locuteurs homme et femme. Dans le cas du locuteur homme, les dimensions 1 et 2 sont très corrélées entre les deux espaces. La dimension 3 (resp. 4) de l'espace obtenu par l'analyse AFM non métrique affiche une corrélation de 0,75 avec la dimension 4 (resp. 3) de l'espace obtenu par l'analyse INDSCAL ce qui reste cohérent avec les valeurs propres associées aux 4 premiers facteurs principaux respectivement égales à 17,1, 14,15, 12,35 et 11,65.

Dans le cas du locuteur femme, les dimensions des deux espaces sont fortement corrélées et conservent leur ordre. Les valeurs propres associées aux 4 premiers facteurs principaux valent respectivement 18,18, 13,85, 9,55 et 8,59.

Locuteur homme		Dimensions AFM non métrique			
		Dim 1	Dim 2	Dim 3	Dim 4
Dimensions INDSCAL	Dim 1	-0.96	-0.05	-0.07	0.14
	Dim 2	-0.03	0.93	0.25	-0.06
	Dim 3	0.1	-0.03	0.42	0.75
	Dim 4	-0.12	-0.12	0.75	-0.33

Tableau 4.11 Corrélations entre les espaces perceptifs des analyses INDSCAL et AFM non métrique – Locuteur homme

Locuteur femme		Dimensions AFM non métrique			
		Dim 1	Dim 2	Dim 3	Dim 4
Dimensions INDSCAL	Dim 1	-0.79	0.58	0.18	-0.25
	Dim 2	0.51	0.75	0.06	0.31
	Dim 3	0.08	-0.02	0.9	0.11
	Dim 4	0.24	0.09	0.02	-0.8

Tableau 4.12 Corrélations entre les espaces perceptifs des analyses INDSCAL et AFM non métrique – Locuteur femme

4.7. CAH

Dans cette section nous présentons les résultats de la CAH appliquée aux coordonnées émanant des différentes techniques de réduction de dimensionnalité (INDSCAL, AFM métrique et non métrique). Pour la construction des arbres hiérarchiques nous avons utilisé comme critère d'agrégation, celui de Ward.

4.7.1. CAH appliquée à l'espace INDSCAL

Lorsque la CAH est appliquée aux coordonnées des stimuli issues de la configuration à 19 dimensions (perte minimale d'information), un seuillage approprié (sur la Figure 4.18) conduit à un découpage en 5 groupes pour les locuteurs homme et femme :
- 1er groupe : codecs CELP (stimuli 5 à 8),
- 2nd groupe : codecs par forme d'onde (stimuli 9 à 12),
- 3ème groupe : codecs MLT (stimuli 1 à 4),
- 4ème groupe : codecs MDCT (stimuli 17 à 20),
- 5ème groupe : codecs hybrides (stimuli 13 à 16).

Par ailleurs en coupant plus haut l'arbre hiérarchique, on peut observer un regroupement en 3 familles de codecs :
- La famille des codecs CELP (codecs G.722.2 et G.729.1). Les codecs G.729.1 sont certes qualifiés d'hybrides, mais on rappelle que la sous-bande basse des signaux est encodée via la technique de codage CELP. Leur rattachement perceptif à la famille des codecs G.722 a donc un sens en termes de technique de codage.
- La famille des codecs par transformée (G.722.1, MP3 et HE-AAC). Ces trois types de codecs sont tous basés sur la technique de codage par transformée (respectivement MLT et MDCT pour les deux derniers).

- La famille des codecs par forme d'onde (codecs G.722).

De ces premiers résultats, il ressort qu'une CAH basée sur la configuration à 19 dimensions d'une analyse INDSCAL conduit assez naturellement à un regroupement des codecs en 5 groupes voire en 3 groupes. Dans le cas du découpage en 5 groupes, chacun d'eux correspond à un type de codec de la base de données. Le regroupement en 3 groupes résulte d'une part de l'association des codecs hybrides (CELP et MDCT) à la famille des codecs CELP et d'autre part de l'association des codecs par transformée (MDCT et MLT). On peut ainsi conclure qu'il existe une relation entre la qualité perceptive des codecs et les techniques de codage qu'ils implémentent.

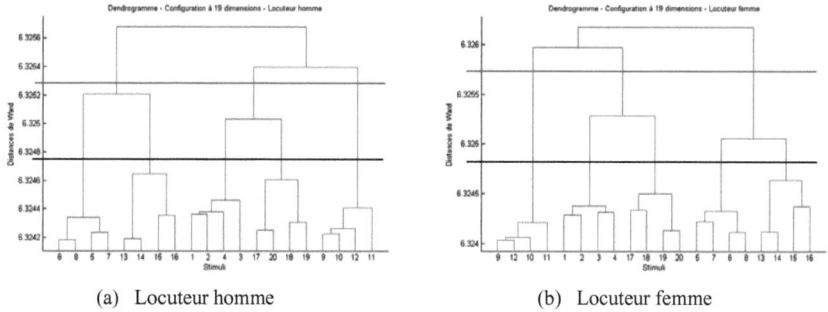

(a) Locuteur homme (b) Locuteur femme

Figure 4.18 Dendrogramme – configuration à 19 dimensions – INDSCAL

En appliquant la CAH aux coordonnées des stimuli dans la configuration à 4 dimensions (Figure 4.19), nous obtenons le même regroupement que dans le cas de la configuration à 19 dimensions (pour les voix d'homme et de femme). Ceci nous permet de convenir que la restriction de l'espace de projection des stimuli aux 4 premières dimensions ne modifie pas la corrélation entre la qualité perceptive et les techniques de codage établie pour le cas de la configuration à 19 dimensions, ce qui porte une certaine confiance à notre choix du nombre optimal de dimensions de l'espace perceptif des codecs de notre base de données.

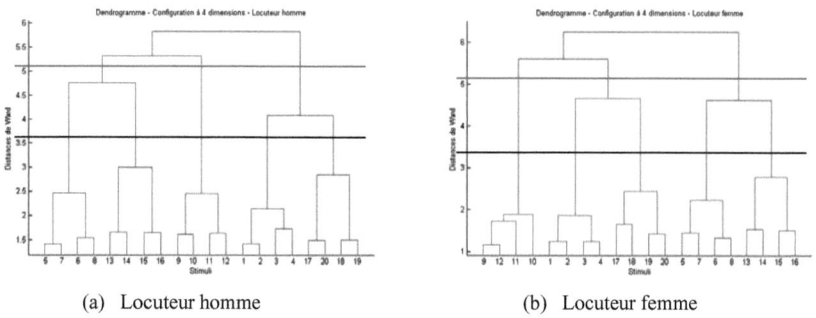

(a) Locuteur homme (b) Locuteur femme

Figure 4.19 Dendrogramme – configuration à 4 dimensions – INDSCAL

4.7.2. CAH appliquée à l'espace AFM métrique

Lorsque l'on applique la CAH aux 19 facteurs principaux issus de l'analyse AFM métrique, on retrouve (Figure 4.20) les mêmes 5 catégories que dans le cas INDSCAL à quelques exceptions près pour les codecs hybrides. Les 4 codecs de la famille hybride se distinguent par le fait que les codecs 15 et 16 implémentent la TDAC, ce qui n'est pas le cas des codecs 13 et 14. Ceux-ci n'utilisant pas de TDAC, ils s'avèrent de qualité inférieure. On constate sur les dendrogrammes de la Figure 4.20 que ces stimuli forment un groupe à part entière, tandis que les deux autres (stimuli 15 et 16) se regroupent avec le groupe des codecs MLT.

En coupant l'arbre à une plus grande distance de Ward, on retrouve (dans le cas du locuteur femme) les 3 grandes familles trouvées dans le cas INDSCAL :
- la famille de codecs par transformée composée des codecs par transformée, MLT (stimuli 1 à 4), MDCT (stimuli 17 à 20) et TDAC (stimuli 15 et 16),
- la famille des codecs par forme d'onde (stimuli 9 à 12),
- la famille des codecs CELP composée des codecs AMR (stimuli 5 à 8) et des codecs hybrides (stimuli 13 et 14).

Il faut toutefois noter que dans le cas du locuteur homme, l'obtention du découpage en 3 familles de codage est un peu plus difficile.

Ainsi, comme précédemment, la qualité perceptive des codecs est liée aux techniques de codage qu'ils implémentent. La seule différence avec l'analyse INDSCAL se situe au niveau des codecs hybrides qui se divisent dans deux groupes, un lié au codage CELP et l'autre au codage par transformée.

L'application de la CAH aux 4 premiers facteurs issus de l'analyse AFM métrique ne change pas les regroupements dans le cas du locuteur femme (Figure 4.21.b). En revanche, dans le cas du locuteur homme (Figure 4.21.a), les codecs MDCT de meilleure qualité (stimuli 18 et 19) et les codecs hybrides 15 et 16 rejoignent le groupe des codecs MLT (stimuli 1 à 4). Cependant, lorsque l'on coupe le dendrogramme plus haut, on retrouve les 3 grandes familles de codecs.

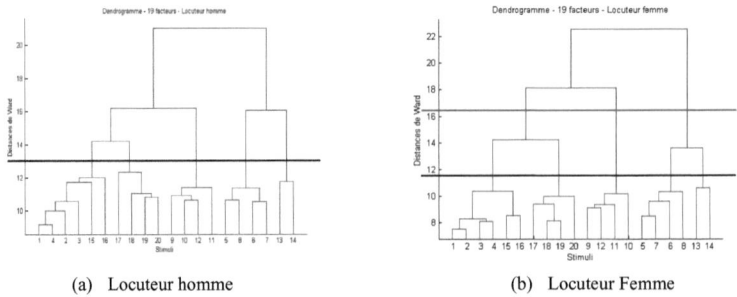

(a) Locuteur homme (b) Locuteur Femme

Figure 4.20 Dendrogramme – 19 facteurs – AFM métrique

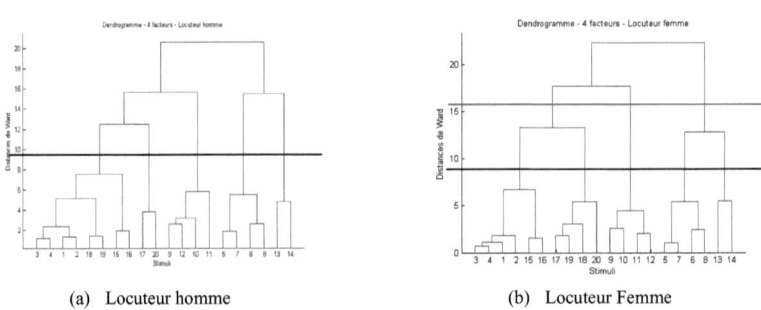

(a) Locuteur homme (b) Locuteur Femme

Figure 4.21 Dendrogramme – 4 premiers facteurs principaux – AFM métrique

4.7.3. CAH appliquée à l'espace AFM non métrique

Dans le cas d'une AFM non métrique, que ce soit dans la configuration à 19 facteurs (Figure 4.22.b) ou à 4 premiers facteurs (Figure 4.23.b), dans le cas du locuteur femme, on retrouve les mêmes regroupements que dans le cas de l'analyse INDSCAL.

Dans le cas du locuteur homme, lorsque l'on conserve les 19 facteurs (Figure 4.22.a) ou les 4 premiers facteurs (Figure 4.23.a), quelques différences sont à relever. On peut observer un découpage permettant d'avoir 5 groupes de codecs :
- le premier groupe comprend les codecs CELP (stimuli 5 à 8),
- le second groupe est composé uniquement des codecs hybrides n'utilisant pas de TDAC (stimuli 13 et 14),
- le $3^{\text{ème}}$ groupe est constitué de famille des codecs MLT (stimuli 1 à 4) et des codecs hybrides utilisant la TDAC (stimuli 15 et 16),
- le $4^{\text{ème}}$ groupe comprend les codecs MDCT (stimuli 17 à 20),
- le $5^{\text{ème}}$ groupe comprend les codecs par forme d'onde (stimuli 9 à 12).

D'autre part, en coupant plus haut l'arbre (distance de Ward égale à 20), on retrouve les 3 grandes familles habituelles (codage par transformée, codage par forme d'onde et codage CELP).

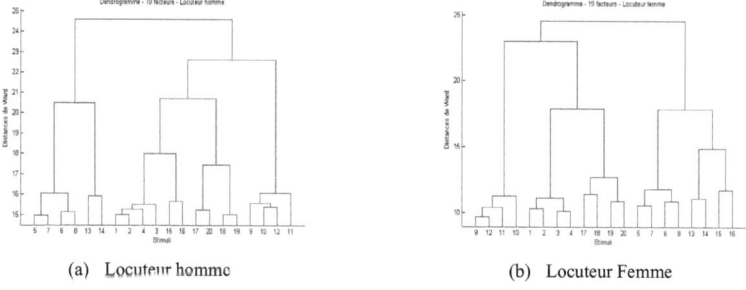

(a) Locuteur homme   (b) Locuteur Femme

Figure 4.22 Dendrogramme – 19 facteurs – AFM non métrique

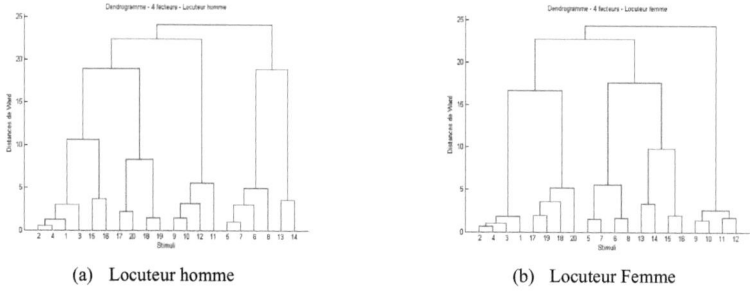

(a) Locuteur homme   (b) Locuteur Femme

Figure 4.23 Dendrogramme – 4 facteurs premiers facteurs principaux – AFM non métrique

4.8. Classification par la méthode des k-means

À partir des coordonnées des stimuli dans la configuration à 4 dimensions issue de l'analyse INDSCAL, nous avons appliqué la classification des k-means. Cet algorithme cherche à minimiser l'inertie intra-classe pour un nombre de clusters ou classes k fixé. Pour obtenir le nombre optimal de classes, que nous ignorons a priori, nous allons procéder de la même manière que pour le stress en étudiant la courbe de l'inertie intra-classe avec un nombre de classes k variant de 1 à $n-1$ où n est le nombre de stimuli (ici n est égal à 20).

Cependant, étant donné qu'il s'agit d'un algorithme itératif, pour un nombre de partitions donné, on n'a pas toujours les mêmes classes, ceci dû au problème des minima locaux. Par conséquent, nous allons calculer 500 fois, pour k variant de 1 à 19, l'inertie intra-classe et nous retiendrons pour chaque k l'inertie intra-classe minimale parmi les 500 valeurs.

Pour les coordonnées des configurations à 4 dimensions obtenues via l'analyse INDSCAL sur les voix d'homme (Figure 4.24.a) et de femme (Figure 4.24.b), nous avons tracé la courbe des inerties intra-classes minimales. On distingue clairement sur les deux courbes un « coude » pour $k=5$. Par conséquent le nombre optimal de classes est 4.

La distance entre un élément d'un cluster et le centroïde est la distance euclidienne. Après l'application de l'algorithme des k-means avec 4 comme nombre de classes, pour le locuteur homme, on observe les 4 classes suivantes (Figure 4.25.a) :
– classe 1 : composée des codecs CELP (en vert),
– classe 2 : composée des codecs par forme d'onde (en noir),
– classe 3 : composée des codecs hybrides (en bleu),
– classe 4 : composée des codecs par transformée MLT et MDCT.

Cependant, dans le cas du locuteur femme, les 4 classes sont les suivantes :
– classe 1 : composée des codecs CELP (en noir) et les stimuli hybrides 13 et 14,
– classe 2 : composée des codecs par forme d'onde (en bleu),
– classe 3 : composée des codecs MLT (en rouge) et les stimuli hybrides utilisant la TDAC (15 et 16),
– classe 4 : composée des codecs MDCT (en vert).

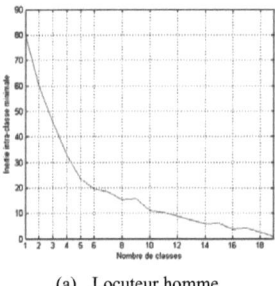
(a) Locuteur homme

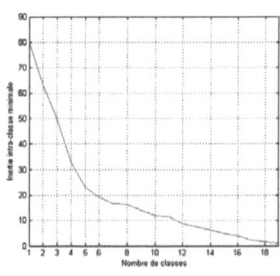
(b) Locuteur femme

Figure 4.24 Courbe de l'inertie intra-classe minimale pour la configuration à 4 dimensions d'INDSCAL

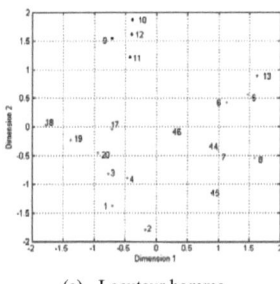
(a) Locuteur homme

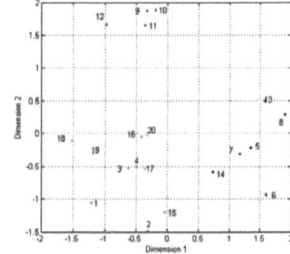
(b) Locuteur femme

Figure 4.25 Classification des stimuli dans le plan (Dimension 1, Dimension 2) après application d'un algorithme des k-means où k=4

4.9. Conclusion

Ce chapitre nous a permis d'identifier le nombre de dimensions de l'espace perceptif de la qualité subjective des codecs de la parole et du son. À cet effet, nous avons utilisé deux techniques de réduction de dimensionnalité : INDSCAL, l'AFM métrique et non métrique. De ces différentes analyses, nous avons conclu que l'espace perceptif des codecs de l'audio et de la parole est quadridimensionnel. Autrement dit, quatre dimensions suffisent pour décrire les principaux défauts des codecs de la parole et de l'audio.

D'une manière générale, l'analyse INDSCAL fournit un meilleur regroupement des codecs. En effet, lorsque l'on applique une CAH après une analyse INDSCAL, les codecs sont regroupés par famille. D'autre part, les espaces perceptifs relatifs à la voix de femme sont plus simples à interpréter.

Même si les espaces fournis par l'AFM métrique sont moins précis, ils sont proches de ceux obtenus par INDSCAL ce qui rend cette approche attractive dans la mesure où l'AFM est non seulement plus rapide qu'INDSCAL, mais également exempte de problèmes d'optima locaux. De plus, en appliquant une transformation ordinale (du même type que celle d'INDSCAL), les résultats de l'AFM (non métrique) sont fortement corrélés à ceux obtenus par INDSCAL.

D'autre part, l'AFM non métrique a permis de conforter notre choix des 4 dimensions, la courbe des valeurs propres issues de cette analyse permettant d'identifier un coude au niveau de la 5ème dimension, d'où l'intérêt supplémentaire de cette technique.

Dans l'étape suivante, nous avons montré, grâce à la CAH appliquée aux coordonnées des stimuli dans les différents espaces de projection, que la qualité perceptive est liée aux techniques de codage. Ainsi on a pu mettre en évidence que les 5 types de codecs de notre base de données pouvaient être répartis dans 3 grandes familles de codage : le codage CELP, celui par forme d'onde et le codage par transformée.

Pour finir, en appliquant la classification selon l'algorithme des k-means aux coordonnées issues de la configuration à 4 dimensions de l'analyse INDSCAL, nous avons montré que le nombre optimal de partitions permettant de minimiser l'inertie intra-classe via l'algorithme des k-means est de 4. Lorsque nous avons réalisé une classification via l'algorithme des k-means avec $k=4$, nous avons constaté que les classes regroupent soit des codecs implémentés des techniques proches, soit des codecs appartenant précisément à la même famille (les 5 familles de codecs initiales).

La suite de ce travail va permettre de caractériser les dimensions via des mesures objectives et des tests de verbalisations afin de pouvoir les étiqueter.

Chapitre 5

Modélisation et validation des trois premières dimensions

Après avoir vérifié dans le chapitre précédent que l'espace perceptif des codecs de la parole et de l'audio est quadridimensionnel, nous cherchons ici à caractériser les dimensions obtenues, étant entendu que celles-ci ont déjà fait l'objet d'une première étude (Etame 2008) dont la finalité était la validation simultanée des signaux d'ancrage des 4 dimensions suspectées. Cette phase de validation n'a pas pu se conclure par la définition de l'ensemble des signaux d'ancrage. Toutefois, les études menées par Étamé ont fortement orienté le choix de ces signaux pour les deux premières dimensions. C'est la raison pour laquelle nous avons cherché, dans un premier temps, à caractériser précisément ces deux dimensions en étudiant certains indicateurs fréquentiels.

Aussi, pour valider les signaux d'ancrage de ces deux premières dimensions de manière isolée, nous avons procédé à un nouveau test de dissimilarité et, parallèlement, nous avons effectué un test de verbalisation visant à mieux les labelliser. L'analyse de ces tests effectuée via INDSCAL (pour le test de dissimilarité uniquement) et AFM (pour l'analyse simultanée des deux tests) est présentée ici.

Notre étude s'est ensuite focalisée sur la caractérisation des dimensions 3 et 4. Dans un premier temps, nous avons cherché à déterminer les codecs qui caractérisent la troisième dimension, puis nous présentons le signal d'ancrage que nous proposons pour la modéliser, signal que nous validerons par des tests.

5.1. Caractérisation de la Dimension 1

5.1.1. Indicateurs de la dimension 1

Dans le chapitre précédent, nous avons conclu que les codecs basés sur le codage CELP (codecs WB-AMR et codecs hybrides) se distinguent des autres codecs suivant la première dimension. Suite à ce constat, nous proposons d'introduire des indicateurs ou des mesures objectives afin de mettre en exergue la relation qui peut exister entre cette dimension et la réduction de la largeur de bande (qui caractérise la technique de codage CELP).

5.1.1.1. Densité spectrale de puissance

Le premier indicateur étudié est la DSP (Densité Spectrale de Puissance) des stimuli. La Figure 5.1 présente une estimation de la DSP du signal original (locuteur homme), et de ce même signal issu des différentes familles de codec (les stimuli 1, 5, 9, 13 et 17, chacun d'eux appartenant à l'une des familles de codecs utilisés) pour une meilleure lisibilité de la figure. La méthode d'estimation utilisée est celle de Welch (Welch 1967). Il s'agit d'une méthode d'estimation non paramétrique basée sur le périodogramme. Il apparaît que la DSP des codecs 5 et 13 est nettement plus faible que celle du signal original dans la sous-bande haute du spectre ([3500 Hz – 7000 Hz]), et témoigne donc d'une perte d'énergie des codecs CELP dans cette sous-bande comparativement au signal original et aux autres stimuli.

La corrélation entre les coordonnées des 20 stimuli dans l'espace à 4 dimensions issues de l'analyse INDSCAL et leur DSP moyenne est respectivement de 0,77, -0,02, -0,03 et 0,44. En restreignant le calcul de la DSP moyenne des codecs respectivement à la sous-bande basse du spectre ([0 Hz – 3500 Hz]) et à la sous-bande haute ([3500 Hz – 7000 Hz]), la corrélation avec la dimension 1 est de 0,76 et 0,91. La dimension 1 présente donc une forte corrélation avec la DSP moyenne qui matérialise la richesse fréquentielle du signal. La très forte corrélation (0,91) avec la bande des hautes fréquences laisse penser que la dimension 1 est liée à la limitation de bande.

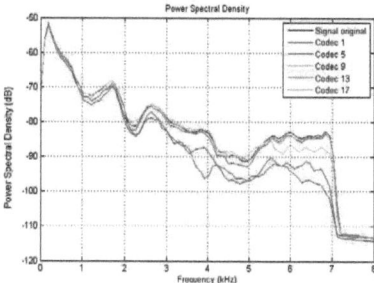

Figure 5.1 Densité spectrale de puissance (locuteur homme)

Les indicateurs présentés par la suite sont des distances spectrales entre le signal original et les stimuli.. Les signaux ont tous été préalablement sous-échantillonnés à 16 kHz (afin de se positionner dans le contexte bande élargie) et les calculs des distances effectués sur des trames de 30 ms. La segmentation en trames a été réalisée en utilisant une fenêtre de Hamming avec un recouvrement de 50%. De plus, les calculs ont été effectués uniquement sur des séquences d'activité vocale en appliquant une DAV (Détection d'Activité Vocale).

5.1.1.2. Centroïde spectral

Le second indicateur étudié est le centroïde spectral, qui est un indicateur de la brillance du signal correspondant à son contenu fréquentiel. C'est le centre de gravité de la distribution d'énergie du spectre fréquentiel du signal. Il est déterminé par la relation :

$$CS = \frac{\sum_{k=1}^{N} f_k \cdot A_k}{\sum_{i=1}^{N} A_k} \quad (5.1)$$

où f_k (en Hertz) est la fréquence de la $k^{ème}$ raie fréquentielle et A_k son amplitude. Cet indicateur est généralement associé aux adjectifs « Sourd » et « Grave ». Wältermann (Wältermann, Raake et al. 2006) et Étamé (Etame 2008) l'ont utilisé pour caractériser les dimensions qualifiées de « Contenu fréquentiel » et « Clair/Sourd » lors de leurs études respectives.

Étamé a montré que le centroïde spectral était fortement corrélé à la dimension 1 tant pour la voix d'homme que pour la voix de femme comme on peut le constater en examinant le Tableau 5.1 issu de l'étude d'Étamé (Etame 2008).

Corrélations	Centroïde Spectral
Dimension 1	0,93
Dimension 2	0,01
Dimension 3	0,07
Dimension 4	0,06

Tableau 5.1 Corrélation entre les centroïdes spectraux et l'espace INDSCAL – locuteur homme

(Etame 2008)

5.1.1.3. DSL (Distance spectrale logarithmique)

Les résultats présentés sur la DSL (Distance Spectrale Logarithmique) se réfèrent uniquement à l'espace obtenu à partir de la voix d'homme. Nous avons calculé la DSL moyenne entre les 20 codecs/tandems retenus et le signal orignal. Puis, nous avons calculé les coefficients de corrélation entre ces distances et leurs coordonnées dans l'espace INDSCAL. Nous avons trouvé que les coefficients de corrélation entre les distances DSL moyennes et les dimensions 1, 2, 3 et 4 sont respectivement égaux à 0,88, -0,14, 0,15 et -0,13. Cela prouve que la dimension 1 est un défaut lié au spectre du signal. De plus, nous pouvons observer sur la Figure 5.2 que les distances DSL des codecs CELP et hybrides sont les plus grandes.

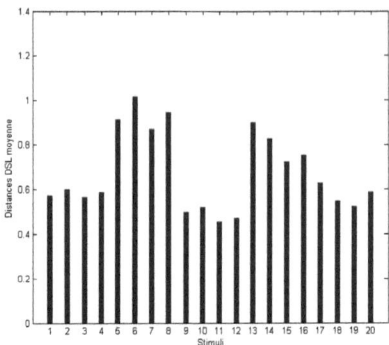

Figure 5.2 Distorsion Spectrale Logarithmique moyenne – Locuteur homme

5.1.1.4. Distances IS, LLR et WSS

Dans cette section nous allons évaluer les corrélations entre des mesures objectives basées sur l'analyse LPC, telles que les distances IS, LLR et WSS et la dimension 1.

Le Tableau 5.2 présente les corrélations entre les distances spectrales IS, LLR et WSS et les 4 dimensions de l'espace INDSCAL (pour le locuteur homme). On y découvre une forte corrélation négative entre les distances IS et LLR et les dimensions 1 et 4. De plus, on peut observer sur les Figure 5.3.a et Figure 5.3.b que les codecs CELP (stimuli 5 à 8) et les stimuli hybrides les plus dégradés (en particulier le stimulus 13) ont les distances moyennes IS et LLR les plus élevées.

Pour ce qui est de la distance WSS, elle affiche une forte corrélation avec la dimension 1 dans le cas du locuteur homme comme on peut le voir sur le Tableau 5.2. Par ailleurs, la Figure 5.3.c met en exergue le fait que les codecs implémentant le codage CELP ont les distances WSS moyennes les plus élevées. Or, la distance WSS quantifie la diminution de l'amplitude spectrale, ce qui confirme par conséquent le lien qui semble exister entre la dimension 1 et la « réduction de la largeur de bande ».

	Distances spectrales moyennes		
	IS	LLR	WSS
Dimension 1	-0.78	-0,71	0,86
Dimension 2	0,01	0,2	0,31
Dimension 3	0,07	0,2	0,14
Dimension 4	0,58	0,68	0,12

Tableau 5.2 Corrélation entre distances IS, LLR, WSS et les dimensions de l'espace INDSCAL – locuteur homme

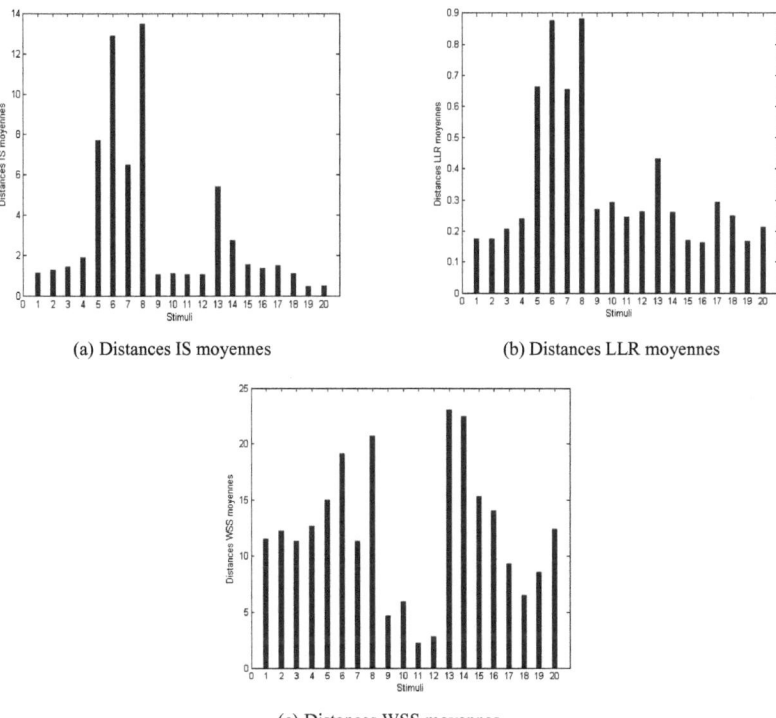

Figure 5.3 *Distances spectrales IS et LLR – Locuteur homme*

5.1.2. Signaux d'ancrage de la dimension 1

Les résultats précédents corroborent la liaison entre la dimension 1 et le contenu fréquentiel des signaux. Par ailleurs, nous savons que les codecs CELP sont basés sur le principe du codage AbS qui utilise le critère des moindres carrés pour modéliser le signal. Celui-ci a tendance à amplifier les amplitudes des composantes dans les basses fréquences par rapport aux hautes fréquences, l'énergie y étant relativement plus grande, ce qui a pour effet de rendre plus « sourds » les codecs CELP (Jasiuk and Ramabadran). Si l'attribut « Sourd » est lié à l'énergie des hautes fréquences et que la dimension 1 est caractérisée par le codage CELP, on peut assez naturellement penser que cette dimension est effectivement représentative de la limitation de bande.

Afin de modéliser la première dimension, comme dans (Etame 2008), nous construisons un filtre passe-bas, désigné par la fonction $\Phi_1(f_c)$, présentant une fréquence de coupure f_c au moins égale à la limite supérieure de la qualité de la téléphonie bande étroite, soit 3400 Hz.

Cette fréquence de coupure est l'unique paramètre permettant de contrôler le taux d'artefact de la dimension 1, en l'occurrence la limitation de la largeur de bande. Le synoptique du processus permettant de concevoir un signal d'ancrage de la dimension 1 est présenté sur la Figure 5.4.

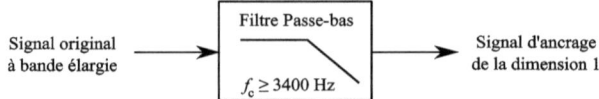

Figure 5.4 Processus de génération des signaux d'ancrage de la dimension 1

5.2. Dimension 2 : « Bruit de Fond »

5.2.1. Indicateurs de la dimension 2

Nous avons montré précédemment que la seconde dimension est caractérisée par les codecs en forme d'onde (stimuli 9 à 12). Comme nous l'avons précisé dans le chapitre 2, les meilleurs indicateurs pour l'évaluation de la qualité des codecs en forme d'onde sont les indicateurs de la famille RSB (Côté, Gautier-Turbin et al. 2008).

Dans un premier temps, nous avons donc calculé les RSBF moyens des 20 stimuli par rapport au signal original uniquement sur les périodes de silence. La Figure 5.5 présente la courbe des RSBF moyens. On peut clairement constater que le RSBF moyen le plus faible est obtenu pour la famille des codecs en forme d'onde (les stimuli 9, 10, 11 et 12), ce qui indique que les codecs G.722 présentent le bruit le plus élevé dans les périodes de silence. Par ailleurs, les corrélations de Pearson entre le RSBF moyen sur les périodes de silence des 20 stimuli et les dimensions de l'espace d'INDSCAL (locuteur homme) sont respectivement de -0,15, -0,64, -0,22 et -0,33, ce qui tend à montrer que la dimension 2 est effectivement caractérisée par le bruit additif.

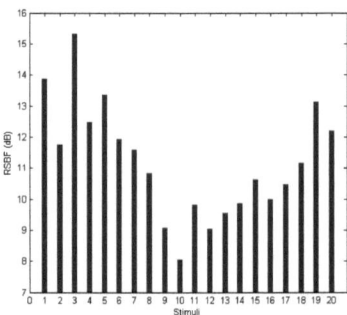

Figure 5.5 Histogramme du RSBF moyen sur les silences des stimuli – locuteur homme

5.2.2. Signaux d'ancrage de la dimension 2

La dimension 2 est représentative du bruit de fond ou bruit additif. Pour générer les signaux d'ancrage représentatifs de cette dimension, Étamé a proposé une fonction $\Phi_2(rsb)$ qui à tout signal original ajoute du bruit blanc gaussien de sorte que le rapport signal à bruit soit égal à la valeur indiquée par le paramètre *rsb* (Etame, Le Bouquin Jeannes et al. 2010). La Figure 5.6 présente le principe de génération des signaux d'ancrage relatifs à la dimension 2.

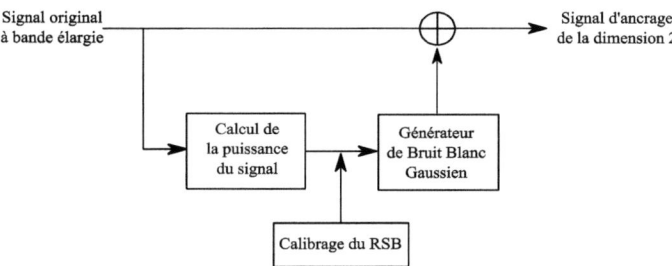

Figure 5.6 Processus de génération des signaux d'ancrage de la dimension 2

5.3. Validation des dimensions 1 et 2

Puisque nous travaillons avec des codecs dont la largeur de bande a été limitée à la bande élargie, le signal original ayant initialement une fréquence d'échantillonnage de 48000 Hz, il a été sous-échantillonné à 16000 Hz pour générer les signaux d'ancrage. Ceux-ci sont ensuite sur-échantillonnés à 48 kHz pour réaliser les tests de dissimilarité. Le signal original est le même que celui utilisé pour déterminer l'espace perceptif initial des codecs (*cf.* Chapitre 4). L'étude de validation des signaux d'ancrage des dimensions 1 et 2 a été restreinte à la voix d'homme pour des raisons de temps.

5.3.1. Signaux d'ancrage de la dimension 1 utilisés lors du test de validation

La dimension 1 étant représentative de la réduction de bande, pour créer les signaux d'ancrage représentatifs de l'artefact « Sourd », nous avons suivi la proposition d'Étamé à savoir l'introduction d'un filtre passe-bas. Pour le test de dissimilarité visant la validation de ce modèle, nous avons décidé de générer 3 signaux d'ancrage de fréquences de coupure respectives 3500 Hz, 4500 Hz et 5500 Hz. Nous leur avons respectivement attribué les indices 21, 22 et 23.

5.3.2. Signaux d'ancrage de la dimension 2 utilisés lors du test de validation

La dimension 2 correspond à celle du bruit additif et, pour le test de validation, nous avons là aussi généré 3 signaux d'ancrage, et ce en ajoutant au signal original à bande élargie du bruit blanc gaussien de sorte que le rapport signal à bruit soit respectivement de 35 dB, 45 dB et 55 dB. Ils porteront ici respectivement les numéros 24, 25, et 26.

5.3.3. Test de dissimilarité et de verbalisation

La base de données du test de dissimilarité de la phase de validation des dimensions 1 et 2 est ainsi composée des 20 codecs/tandems sélectionnés pour le premier test de dissimilarité auxquels nous avons ajouté les 3 signaux d'ancrage de la dimension 1 et les 3 signaux d'ancrage de la dimension 2, ce qui conduit à un total de 26 stimuli listés dans le Tableau 5.3.

Pour ce test de dissimilarité, 30 personnes ont été recrutées. Le nombre de paires de stimuli à comparer étant très élevé $\left(C_{26}^2 + 26 = 351\right)$, le test a été divisé en 3 parties comportant chacune 117 paires de stimuli à évaluer. Après l'analyse des matrices de dissimilarités, il s'est avéré que deux testeurs parmi les 30 n'étaient pas fiables en raison d'une moyenne élevée de notes de dissimilarité attribuées aux paires nulles. À l'issue de la dernière séance du test de dissimilarité, les sujets ont été invités à décrire les défauts qu'ils percevaient, en utilisant leur propre vocabulaire dans un premier temps. Puis ils ont été invités à refaire la même tâche en se servant d'une liste de mots que nous leur avions fournie (Tableau 5.5), et d'autre part, en utilisant leur propre vocabulaire. Les mots personnels des testeurs ont été agrégés à l'un des 11 attributs de la liste que nous avions préétablie dont ils se rapprochaient le plus.

Les 28 matrices de dissimilarités et de verbalisation retenues ont été traitées successivement par les algorithmes PROXSCAL (Zango, Le Bouquin Jeannès *et al.* 2011a) et AFM (Zango, Le Bouquin Jeannès *et al.* 2011b).

Indices	Description	Indices	Description
1	G722.1C_24kbps_x2	14	G729.1_20kbps_x3
2	G722.1C_24kbps_x3	15	G729.1_24kbps_x2
3	G722.1_24kbps_x2	16	G729.1_32kbps_x3
4	G722.1_24kbps_x3	17	HEAAC_24kbps_x2
5	G722.2_12.65kbps_x2	18	HEAAC_32kbps_x2
6	G722.2_12.65kbps_x3	19	MP3_32kbps_x1
7	G722.2_15.85kbps_x2	20	MP3_32kbps_x2
8	G722.2_8.85kbps_x2	21	Dim1_ref_35kHz
9	G722_48kbps_x2	22	Dim1_ref_45kHz
10	G722_48kbps_x3	23	Dim1_ref_55kHz
11	G722_56kbps_x2	24	Dim2_ref_35dB
12	G722_56kbps_x3	25	Dim2_ref_45dB
13	G729.1_14kbps_x3	26	Dim2_ref_55dB

Tableau 5.3 Codecs/tandems et signaux d'ancrage utilisés lors de la validation des dimensions 1 et 2

5.3.4. Analyse INDSCAL des résultats du test de dissimilarité

5.3.4.1. Courbe du stress brut normalisé

L'analyse PROXSCAL a été effectuée via le même logiciel (SPSS 19), en fixant les mêmes critères d'arrêt que ceux évoqués dans le chapitre 4. Dans le cas présent, nous avons 26 stimuli, par conséquent, le nombre maximal de dimensions de l'espace de projection est de 25. Pour rappel, l'algorithme PROXSCAL minimise le stress brut normalisé dont la courbe est présentée sur la Figure 5.7. Force est de reconnaître qu'aucun coude n'apparaît nettement sur cette courbe. Toutefois, nous savons que le nombre de dimensions doit être au plus égal à 6 selon la règle de Storms évoquée dans le chapitre précédent. D'autre part, l'amélioration du stress après la configuration à 4 dimensions est peu significative comme l'atteste le Tableau 5.4. De plus, selon Kruskal (Kruskal 1964b), la qualité d'ajustement obtenue dans la configuration à 4 dimensions est jugée « bonne », puisque le stress obtenu pour ce nombre de dimensions, en l'occurrence 0,035, est compris dans l'intervalle allant de 0,025 à 0,05.

D'autre part, la Figure 5.8 présente les diagrammes des résidus pour les configurations entre 4 et 6 dimensions. En appliquant une régression linéaire aux différents diagrammes, on constate que le coefficient de détermination R^2 représentatif de la qualité d'ajustement est à peu près le même pour toutes les configurations (respectivement 0,506, 0,51 et 0,512). Par conséquent, nous décidons de retenir a priori 4 dimensions sous réserve de l'analyse de la courbe des valeurs propres de l'AFM (*cf.* section 5.4).

Dimensions	2	3	4	5	6
Stress	0,087	0,051	0,035	0,026	0,02
Amélioration		0,036	0,017	0,009	0,006

Tableau 5.4 Stress et amélioration du stress

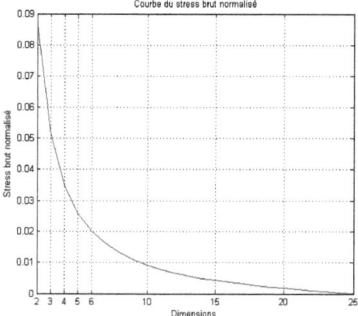

Figure 5.7 Courbe du stress brut normalisé – Validation des dimensions 1 et 2

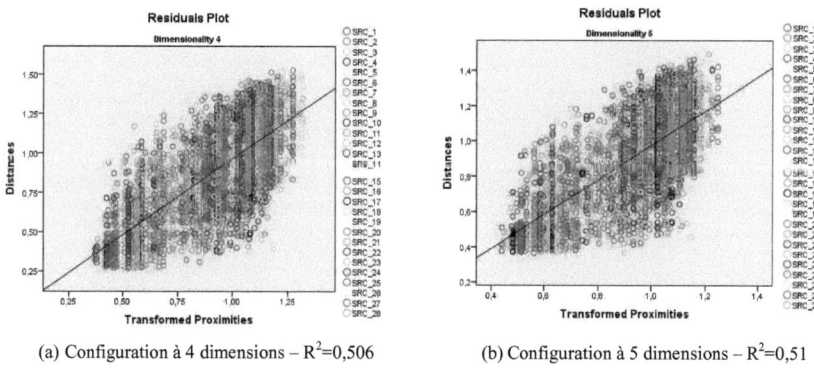

(a) Configuration à 4 dimensions – R^2=0,506   (b) Configuration à 5 dimensions – R^2=0,51

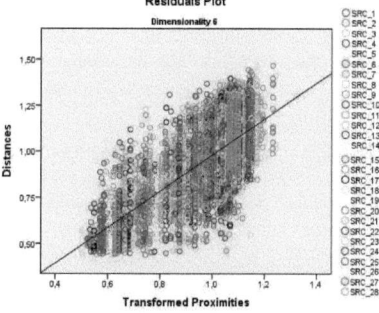

(c) Configuration à 6 dimensions – R^2=0,512

Figure 5.8 Diagramme des résidus pour les configurations allant de 4 à 6 dimensions

5.3.4.2. Dimensions de l'espace de validation

Le calcul des corrélations entre les dimensions de l'espace initial et celui de validation laisse percevoir que la dimension 1 de l'espace initial est plus corrélée à la dimension 1 de l'espace de validation (70,12%) qu'aux autres dimensions. Nous pouvons ainsi observer sur le plan (Dimension 1, Dimension 3) de l'espace de validation présenté sur la Figure 5.9 que la dimension 1 sépare effectivement les codecs implémentant le codage CELP (stimuli 5 à 8 et stimuli 13 et 14) et les signaux d'ancrage de la dimension 1 (stimuli 21 à 23) des autres stimuli. D'autre part, les signaux de référence de la dimension 1 (stimuli 21, 22 et 23) sont situés à l'extrémité positive de la première dimension de l'espace de validation (du côté des codecs CELP), prouvant ainsi qu'ils caractérisent bien cette dimension.

Quant à la dimension 2 de l'espace initial, elle est plus corrélée à la dimension 3 de l'espace de validation (85%). Par ailleurs, nous pouvons observer graphiquement que la dimension 3 de l'espace de validation sépare distinctement les codecs en forme d'onde de la famille G.722 (stimuli 9 à 12) et les signaux d'ancrage de la dimension « Bruit de Fond » (stimuli 24 à 26) des autres stimuli (Figure 5.9). Ceci vient corroborer le fait que le bruit additif est bien ce qui caractérise la dimension 2 de l'espace initial.

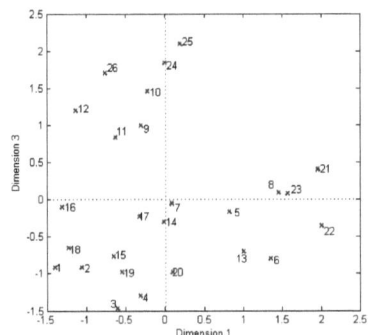

Figure 5.9 Plan (Dimension 1, Dimension 3) de l'espace de validation

5.3.4.3. CAH appliquée aux coordonnées fournies par PROXSCAL

Dans un premier temps, nous avons appliqué une CAH basée sur la distance de Ward aux coordonnées des stimuli dans la configuration à 25 dimensions issues de l'analyse INDSCAL et obtenu le dendrogramme de la Figure 5.10. Un premier découpage permet d'obtenir 5 regroupements correspondant aux 5 types de codecs de notre base de données. Soulignons que les signaux d'ancrage de la dimension 1 (stimuli 21 à 23) se regroupent avec les codecs CELP ou G.722.2 (stimuli 5 à 8) et ceux de la seconde dimension (stimuli 24 à 26) se regroupent avec les codecs en forme d'onde (stimuli 9 à 12).

En coupant le dendrogramme un peu plus haut, nous retrouvons les 3 grandes familles de technique de codage évoquées précédemment à savoir :
- le premier groupe est celui de la technique de codage en forme d'onde composé des codecs G.722 (stimuli 9 à 12) et des signaux d'ancrages de la dimension 2 (stimuli 24 à 26),
- le second groupe est celui de la technique de codage par transformée MLT (stimuli 1 à 4) et MDCT (stimuli 17 à 20),
- le dernier groupe est celui de la technique de codage CELP (stimuli 5 à 8), des signaux d'ancrage de la dimension « Sourd » (stimuli 21 à 23) et des stimuli 13 à 16 qui sont des codecs hybrides.

Nous avons ensuite appliqué la CAH aux coordonnées de la configuration à 4 dimensions. On constate, à quelques exceptions près, les mêmes regroupements (Figure 5.11). La seule différence se situe au niveau des stimuli de la famille hybride. En effet, ces derniers se retrouvent avec les codecs par transformée. Un tel regroupement a un sens dans la mesure où les codecs hybrides implémentent également la technique de codage MDCT. Ce résultat permet d'affirmer que l'espace reste perceptuellement stable en considérant la configuration à 4 dimensions.

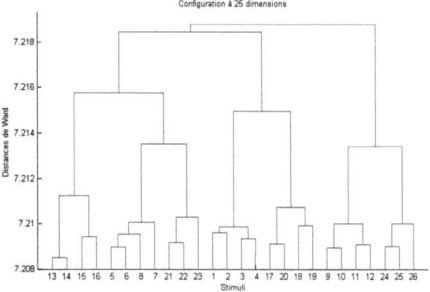

Figure 5.10 CAH appliquée aux coordonnées des stimuli dans la configuration à 25 dimensions de PROXSCAL

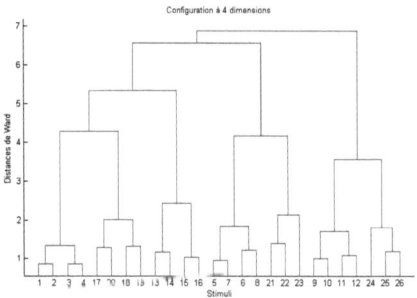

Figure 5.11 CAH appliquée aux coordonnées des stimuli dans la configuration à 4 dimensions de PROXSCAL

5.4. Analyse AFM des résultats de tests de la validation des dimensions 1 et 2

L'intérêt de l'approche AFM est, d'une part, de pouvoir mieux conclure quant au nombre optimal de dimensions via l'analyse de la courbe des valeurs propres, et d'autre part, d'analyser simultanément les résultats des tests de verbalisation et de dissimilarité. Il est ainsi possible de déterminer une corrélation entre les attributs et les dimensions de l'espace de projection.

5.4.1. Prétraitements

L'AFM est une technique s'appliquant à des matrices du type $(\text{individus} \times \text{variables})$. Cependant, dans notre étude, puisque nous disposons de matrices de dissimilarités, nous appliquerons l'AFTD comme expliqué dans la section 4.4.

5.4.2. Liste des attributs

Le test de dissimilarité a été complété par un test de verbalisation, durant lequel nous avons demandé aux testeurs de décrire les défauts qu'ils percevaient sur les codecs en utilisant dans un premier temps leur propre vocabulaire puis en utilisant les attributs de la liste du Tableau 5.5. À l'issue de ce test de verbalisation, nous avons regroupé les attributs que nous jugions être synonymes en utilisant comme référence les attributs du Tableau 5.5.

Label	Attributs
VR	Voix de Robot
SR	Sourd
GC	Grincement
SI	Sifflement
BF	Bruit de Fond
BM	Bruit modulé
SO	Souffle
DP	Distorsion de la parole
GR	Grésillement
EC/RV	Écho/Réverbération
VE	Variation d'énergie

Tableau 5.5 Liste des attributs retenus lors du test de verbalisation

5.4.3. Analyse simultanée de la verbalisation et des matrices de dissimilarités

L'AFM permet l'analyse simultanée des variables quantitatives et qualitatives. Pour chaque testeur, nous avons déterminé une matrice indiquant les attributs qu'il a utilisés pour qualifier les différents codecs. Ainsi, les lignes des matrices de verbalisation représentent les codecs et les colonnes représentent les attributs. Désignons par $V_k = \left(v_{ij}^k\right) \in \mathbb{R}^{26 \times 11}$ la matrice de verbalisation du testeur k. Cette matrice comporte 26 lignes (stimuli) et 11 colonnes (attributs retenus). Ses valeurs sont $v_{ij}^k = 1$ si le testeur a cité l'attribut j pour qualifier le codec i, sinon $v_{ij}^k = 0$. Ensuite, nous avons additionné les matrices de verbalisation des testeurs fiables :

$$V = \sum_{k=1}^{28} V_k \quad (5.2)$$

Chacune des lignes de la matrice V est en matrice de pourcentage (Tableau 5.6). La matrice résultante est effet une représentation quantitative de la matrice de verbalisation.

Soit m_j la valeur médiane du pourcentage de citation de l'attribut j, la matrice V est codée de manière binaire pour donner la matrice $W = \left(w_{ij}\right)$ telle que :

$$w_{ij} = \begin{cases} \text{attribut } "j" & \text{si } v_{ij} > m_j \\ " \ " (rien) & \text{sinon} \end{cases} \quad (5.3)$$

Si l'on note X la concaténation des X_k les matrices de dissimilarités transformées en matrices du type « *individus* × *variables* » l'analyse simultanée de valeurs quantitatives et qualitatives par l'AFM est réalisée sur la concaténation des matrices X, V et W. Toutes les valeurs de X ont le statut « actif » tandis que celles des matrices V et W sont inactives. Ceci signifie que les valeurs de ces deux dernières matrices n'auront qu'un rôle descriptif et ne participeront pas à la construction de l'espace de projection.

Indices	VR	SR	GC	SI	BF	BM	SO	DP	GR	EC	VE
1	0,37	0,03	0,03	0	0,11	0,03	0,16	0,11	0,03	0,16	0
2	0,26	0,03	0	0,03	0,13	0,08	0,08	0,15	0,03	0,18	0,05
3	0,29	0,05	0	0,02	0,1	0,02	0,05	0,07	0,1	0,27	0,02
4	0,38	0,06	0	0,03	0,03	0,03	0,06	0,06	0,09	0,21	0,06
5	0,16	0,38	0	0	0,11	0,02	0,04	0,09	0,04	0,07	0,09
6	0,13	0,23	0	0	0,08	0	0,08	0,13	0,06	0,15	0,15
7	0,14	0,51	0	0	0,09	0	0,09	0,06	0,03	0,03	0,06
8	0,21	0,3	0	0,02	0,02	0,02	0,05	0,05	0,09	0,12	0,12
9	0,1	0,08	0,06	0,02	0,21	0	0,14	0,04	0,33	0,04	0
10	0,04	0,07	0,02	0,04	0,18	0,02	0,12	0,02	0,37	0,12	0,02
11	0,02	0,02	0	0,07	0,28	0	0,13	0,04	0,35	0,07	0,02
12	0	0,05	0	0,02	0,31	0,02	0,21	0	0,31	0,05	0,02
13	0,21	0,25	0,03	0	0,11	0,05	0,03	0,1	0,1	0,05	0,08
14	0,12	0,17	0	0	0,14	0,03	0,05	0,19	0,09	0,1	0,12
15	0,13	0,17	0	0	0,15	0,09	0,02	0,21	0,09	0,09	0,06
16	0,17	0,06	0	0,02	0,17	0,02	0,06	0,14	0,14	0,1	0,14
17	0,3	0,02	0	0	0,04	0	0,09	0,13	0,17	0,23	0,02
18	0,18	0,04	0	0,04	0,11	0	0,13	0,09	0,22	0,18	0,02
19	0,24	0,07	0	0	0	0,02	0,07	0,07	0,16	0,36	0,02
20	0,44	0,02	0	0,02	0,02	0,02	0,04	0,04	0,14	0,22	0,04
21	0,07	0,58	0,03	0	0,07	0	0,07	0	0,07	0,1	0,03
22	0,09	0,53	0	0	0,09	0	0,03	0,06	0,03	0,09	0,06
23	0,04	0,48	0	0	0,12	0,04	0,04	0,04	0,04	0,12	0,08
24	0	0,02	0	0,02	0,42	0,02	0,17	0	0,29	0,02	0,02
25	0,02	0,04	0	0,09	0,28	0	0,22	0,02	0,26	0,04	0,02
26	0,05	0	0,03	0,03	0,43	0,03	0,24	0	0,16	0	0,03

Tableau 5.6 Représentation quantitative de la matrice de verbalisation

5.4.4. Détermination du nombre de dimensions

Le nombre optimal de dimensions suffisant pour la représentation des stimuli est guidé par la lecture de la courbe des valeurs propres de l'AFM. Les valeurs propres correspondent à la contribution des dimensions à la variance totale expliquée. On voit très distinctement sur la Figure 5.12 un coude au niveau de la 5ème dimension, impliquant qu'à partir de la 5ème dimension la contribution des dimensions varie faiblement. De plus, les 3ème et 4ème dimensions ont des valeurs propres très proches (respectivement 10,55 et 10,35). Par conséquent, on peut affirmer que le nombre optimal de dimensions est 4. Ce résultat vient corroborer le nombre de dimensions choisi suite à l'analyse par INDSCAL.

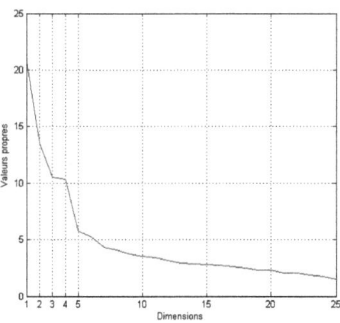

Figure 5.12 Courbe des valeurs propres issues de l'analyse AFM

5.4.5. Description des dimensions

5.4.5.1. Dimension 1

La première dimension représente 17,6% de la variance totale expliquée. La corrélation de Pearson entre la première dimension de l'espace de validation et la première dimension de l'espace initial est très élevée (-0,91). Comme on peut le voir sur la Figure 5.13.a, la première dimension de l'espace de validation sépare les codecs « Sourds » et les signaux d'ancrage « Sourds » des autres codecs. De plus, les signaux d'ancrage présentent un ordonnancement logique (alignés par ordre de largeur de bande croissante). Le Tableau 5.6 montre distinctement que le plus fort pourcentage d'occurrences de l'attribut « Sourd » (SR) est obtenu pour les codecs CELP purs (stimuli 5 à 8) et hybrides (stimuli 13 à 15), résultat que l'on peut aussi apprécier sur les Figures 5.14.b et 5.14.d. Par ailleurs, les corrélations de Pearson entre les dimensions et les attributs représentés dans le Tableau 5.7 (Figure 5.15) montrent que l'attribut « Sourd » est le plus corrélé (-0,8) à la dimension 1.

La Figure 5.13.b permet de visualiser la projection des attributs dans le plan (Dimension 1, Dimension 2). Ce sont des variables descriptives. On observe effectivement sur cette figure que la dimension 1 est mise en évidence par la position extrême de l'attribut « Sourd » (SR). Concernant la dimension 2, ce sont les attributs « Bruit de Fond » (BF), « Sourd » (SR), « Grincement » (GC) et « Grésillement » (GR) qui sont mis en évidence. Il était naturellement possible de projeter simultanément les coordonnées des stimuli et les attributs dans le même espace mais, pour des soucis de lisibilité et d'échelle, nous avons présenté leurs projections séparément.

Ces résultats permettent d'une part de confirmer le résultat de l'analyse INDSCAL, à savoir que les signaux d'ancrage (21 à 23) caractérisent bien la dimension 1. D'autre part, l'analyse des résultats du test de verbalisation nous conforte dans la qualification de cette dimension.

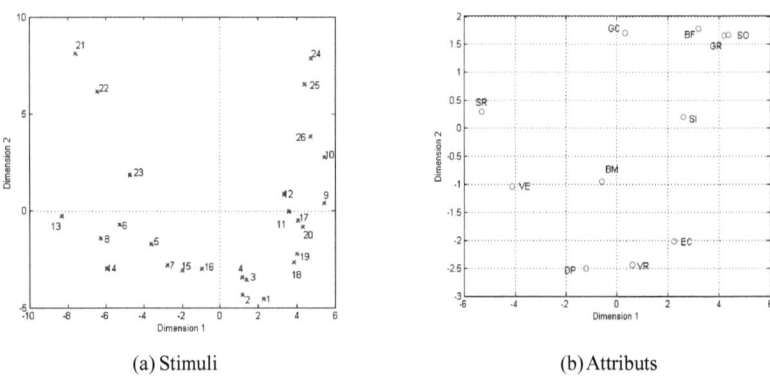

(a) Stimuli   (b) Attributs

Figure 5.13 Projection des stimuli et attributs dans le Plan (Dimension 1, Dimension 2) – espace de validation AFM

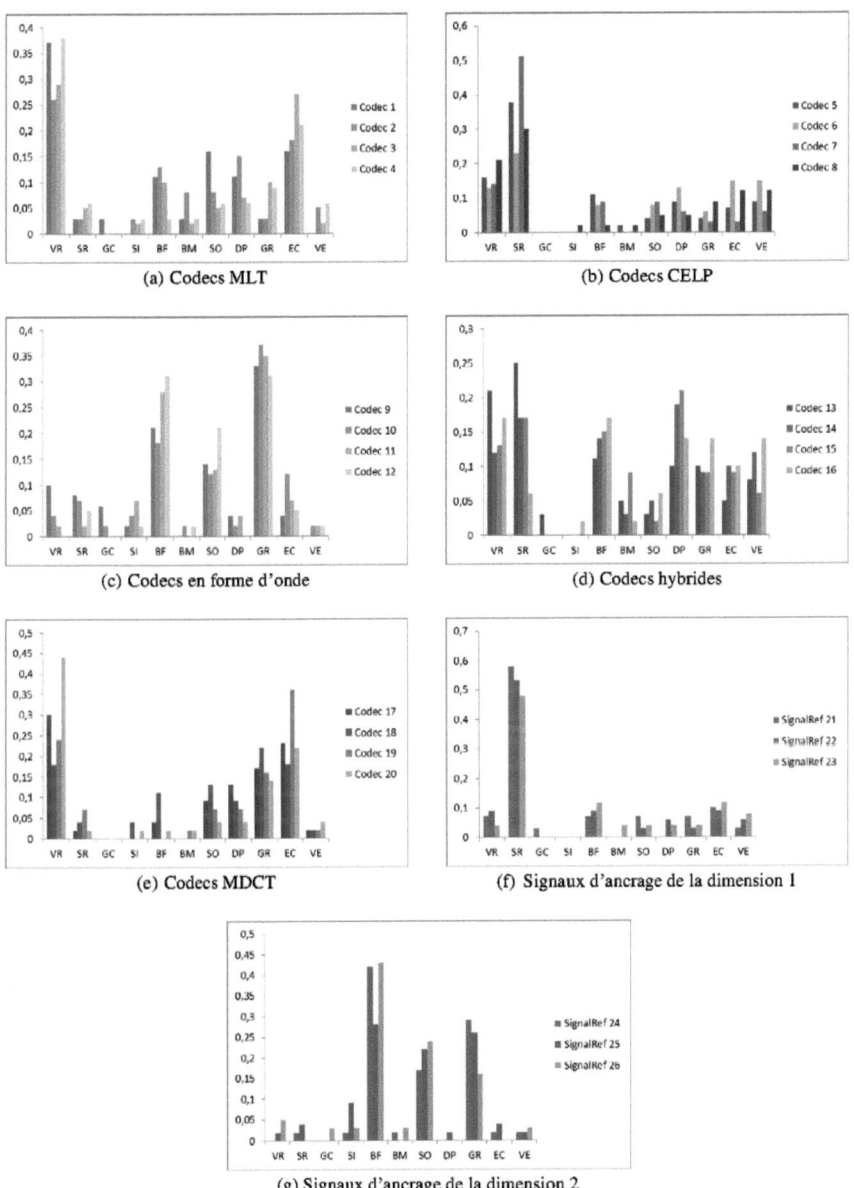

Figure 5.14 Histogramme des pourcentages d'occurrence des différents attributs

Attributs	Labels	Dim 1	Dim 2	Dim 3	Dim 4
Voix de Robot	VR	0,06	-0,64	0,52	-0,02
Sourd	SR	-0,8	0,27	0,11	-0,31
Grincement	GC	0,05	0,22	0,01	0,17
Sifflement	SI	0,55	0,23	-0,36	0,01
Bruit de Fond	BF	0,41	0,48	-0,58	0,16
Bruit modulé	BM	-0,15	-0,37	-0,15	0,25
Souffle	SO	0,64	0,37	-0,37	-0,02
Distorsion de la parole	DP	-0,3	-0,66	0,05	0,26
Grésillement	GR	0,69	0,34	-0,24	0,26
Écho/Réverbération	EC/RV	0,18	-0,46	0,59	-0,15
Variation d'énergie	VE	-0,72	-0,24	-0,25	0,08

Tableau 5.7 Corrélation entre les attributs et les dimensions

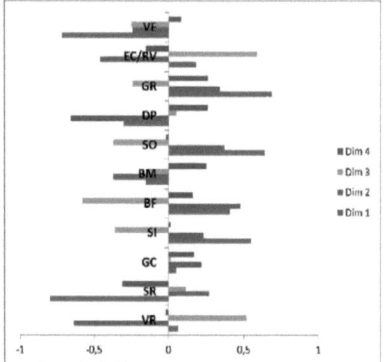

Figure 5.15 Histogramme des corrélations entre les attributs et les dimensions

5.4.5.2. Dimension 2

La deuxième dimension contribue pour 11,4% à la variance totale expliquée. La corrélation de Pearson entre la seconde dimension de l'espace de validation et celle de l'espace initial est de 0,90. La seconde dimension semble donc inchangée dans l'espace de validation. Sur la Figure 5.13, les codecs en forme d'onde (stimuli 9, 10, 11 et 12) et les signaux d'ancrage des deux premières dimensions (stimuli 21 à 26) sont les seuls à avoir des coordonnées positives sur cette dimension. À l'extrémité négative de la dimension 2, on retrouve les codecs MLT (stimuli 1 à 4). Par ailleurs les codecs MLT sont caractérisés par les attributs « Voix de Robot », comme on peut le voir sur l'histogramme de la Figure 5.14.a. Cela justifie la bonne corrélation entre cet attribut et la dimension 2 (-0,64). D'autre part on retrouve également à cette extrémité les codecs hybrides, davantage qualifiés par les attributs « Sourd » et « Distorsion de la parole ». Nous pouvons d'ailleurs remarquer la bonne corrélation négative entre l'attribut « Distorsion de la parole » et la dimension 2 (-0,66). Par ailleurs, nous pouvons constater que l'espace est légèrement déformé, car les signaux d'ancrage de la dimension 1 (stimuli 21 à 23) semblent caractériser également cette dimension. Cela pourrait s'expliquer par le fait que les RSB des signaux d'ancrage de la dimension 2 (stimuli 24 à 26) étaient faibles au regard de ceux des autres stimuli.

5.4.5.3. Dimension 3

La troisième dimension représente 8,9% de la variance expliquée totale. Cette dimension présente la plus forte corrélation avec la troisième dimension de l'espace initial (0,71). Les attributs « Écho/Réverbération et Voix de robot » ont les plus fortes corrélations positives avec cette dimension (respectivement 0,59 et 0,52). De plus, les codecs MDCT (surtout les stimuli 17 et 20) sont ceux contribuant le plus à la construction de cette dimension (respectivement 21,75% et 19,65%) en témoignent leurs positions à l'extrémité de la dimension 3. Sur le plan de projection des attributs, on peut observer le positionnement des attributs « Voix de Robot » et « Écho/Réverbération » à l'extrémité positive de la dimension 3. Ce résultat se retrouve sur l'histogramme de la Figure 5.15 (la dimension 3 est fortement caractérisée par les attributs « Voix de Robot » et « Écho/Réverbération »). L'attribut « Bruit de Fond » présente également une forte corrélation avec cette dimension (-0,58), qui peut partiellement s'expliquer par la projection des codecs en forme d'onde (stimuli 9 à 12) et des signaux d'ancrage modélisant le « Bruit de Fond » sur cette dimension (Figure 5.16.a).

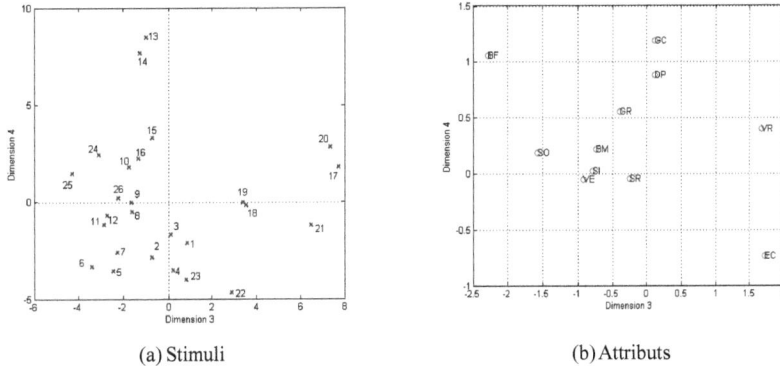

(a) Stimuli   (b) Attributs

Figure 5.16 Projection des stimuli et attributs dans le Plan (Dimension 3, Dimension 4) – espace de validation AFM

5.4.5.4. Dimension 4

La quatrième dimension contribue pour 8,7% à la variance expliquée. Sa plus forte corrélation avec les dimensions de l'espace initial est obtenue avec la 4ème dimension (0,58). Par ailleurs, les stimuli 13 et 14 sont les plus contributifs à sa construction (respectivement 27% et 22%) et le Tableau 5.6 montre que la famille des codecs hybrides (les stimuli 13 à 16) est le plus souvent caractérisée par l'attribut « Distorsion de la Parole ». Ceci justifie le fait que les attributs qualifiant le plus cette dimension sont la distorsion de la parole, le bruit modulé et le grésillement (Tableau 5.7).

À partir des deux techniques de réduction de dimensionnalité et des résultats de verbalisation, nous avons montré que les signaux d'ancrage des deux premières dimensions reproduisaient bien les artefacts pour lesquels ils ont été conçus. L'analyse AFM a renforcé le choix du nombre de dimensions décidé à l'issue de l'analyse MDS. L'analyse simultanée des variables quantitatives et qualitatives a permis de projeter les attributs dans les espaces perceptifs aidant ainsi à la qualification des dimensions.

À présent nous retiendrons que les dimensions 1 à 4 sont qualifiées respectivement par les attributs « Sourd », « Bruit de Fond », « Écho/Réverbération » et « Distorsion de la Parole ». La section suivante sera dédiée à la validation de la dimension 3.

5.5. Étude de la dimension 3 : « Écho/Réverbération »

Comme on vient de le vérifier, la dimension 3 est fortement caractérisée par les codecs MDCT (stimuli 17 à 20). Cette dimension caractérise les défauts introduits par l'utilisation des techniques de codage par transformée. Le but de l'utilisation de la technique de codage par transformée ou des bancs de filtres est d'accroître le gain de compression. Aussi la décomposition du spectre en plusieurs sous-bandes permet-elle d'obtenir une meilleure résolution fréquentielle. Cependant, d'après le principe de l'incertitude de Heisenberg (Busch, Heinonen *et al.* 2007), une haute résolution fréquentielle se traduit par une faible résolution temporelle, rendant moins efficace le contrôle de la mise en forme du bruit de quantification au niveau du décodeur. Cela fait apparaître des défauts tels que la réverbération, le pré-écho. Nous qualifierons donc globalement cette famille d'artefacts par les termes « Écho/Réverbération ».

5.5.1. Description de l'artefact « Écho »

L'artefact « Écho » comprend deux types de défauts : la réverbération et le pré-écho. La réverbération est engendrée par deux phénomènes. D'une part elle est due au fait qu'on n'arrive pas à recréer toutes les raies et d'autre part elle est occasionnée par le fait qu'on ne recrée pas les mêmes raies d'une trame à l'autre. Le phénomène de pré-écho est quant à lui occasionné par 3 facteurs principaux : le bruit de quantification, la longueur de la fenêtre d'analyse et la forme d'onde du signal (les zones de transition ou d'attaque en sont les principales responsables). Le pré-écho correspond à un artefact apparaissant généralement lors des périodes d'attaque du signal. Après découpage du spectre en bandes critiques, le modèle psychoacoustique détermine dans chaque sous-bande les seuils de masquage qui contrôlent les niveaux de quantification des coefficients des transformées des sous-bandes. Or, le calcul de ces seuils de masquage est basé sur la densité spectrale de puissance. Ainsi, lors du passage brusque d'une portion de signal de faible amplitude à une portion de forte amplitude, le seuil de masquage calculé sera trop élevé pour la portion du signal à faible amplitude. Ainsi, les coefficients de la transformée de la portion du signal précédant l'attaque se verront allouer très peu de bits. Par conséquent, on comprend dès lors le fait que l'erreur de quantification précédant les périodes d'attaque est très grande occasionnant l'artefact de pré-écho (Figure 5.17). Une autre cause de cet artefact est la propagation du bruit de quantification d'une sous-bande. Le choix de la longueur de la fenêtre d'analyse résulte d'un compromis entre résolution fréquentielle et résolution temporelle. Il faut noter qu'il existe des techniques permettant de lutter contre le pré-écho, telles que la TDAC et la technique consistant à utiliser des tailles de fenêtre de longueur variable afin de s'adapter à la nature du signal.

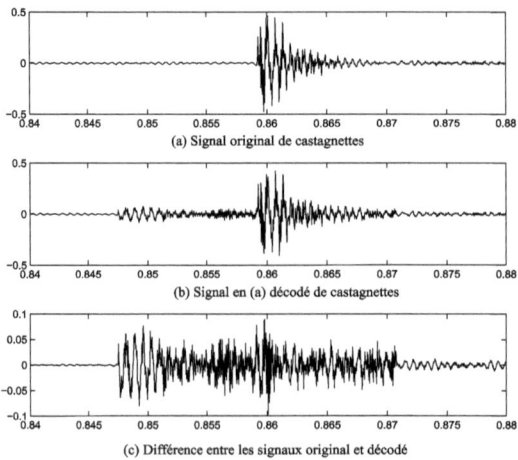

Figure 5.17 Phénomène du pré-écho (Erne 2001)

5.5.2. Signaux d'ancrage de la dimension 3

La dimension 3 est caractérisée par les codecs par transformée MDCT. Ces codecs utilisent soit un banc de filtres hybride (MDCT et banc de filtres polyphasé pour le MP3) soit seulement la MDCT (pour le HE-AAC) ainsi qu'un modèle psychoacoustique. Pour modéliser cette dimension, nous proposons un algorithme permettant de mimer les différentes techniques implémentées dans ces codecs avec une complexité moindre.

Le cœur de cette dimension est la technique de codage par transformée MDCT. Aussi, présenterons-nous dans un premier temps la MDCT ainsi que la Transformation de Fourier à Court Terme (TFCT) discrète que nous lui avons préférée pour des soucis de simplification. De plus ce choix permettra de montrer que la dimension 3 est caractérisée de manière générale par le codage par transformée.

5.5.2.1. La transformation MDCT

Initialement proposée par Princen et Bradley, la MDCT est la technique de codage par transformée la plus répandue en codage audio. Comme dit précédemment, elle est utilisée dans les codecs MP3 et AAC. Il s'agit d'une technique de transformation par bloc, dans lequel le signal d'entrée est divisé en sous-blocs. Chaque sous-bloc est transformé en coefficients MDCT avant d'être quantifié. L'intérêt de l'utilisation de la MDCT est sa capacité à compacter l'énergie seulement sur quelques coefficients et à les décorréler, ce qui permet de mieux coder ces coefficients et de négliger les autres. Soit x un signal donné et $x(n)$ le $n^{\text{ème}}$ échantillon d'une trame d'un sous-bloc du signal, le $k^{\text{ème}}$ coefficient MDCT de la trame de ce sous bloc est défini par l'équation (5.4)

$$X_k = \sum_{n=0}^{2N-1} w(n)x(n)\cos\left(\frac{\pi}{N}\left(n+\frac{1}{2}+\frac{N}{2}\right)\left(k+\frac{1}{2}\right)\right). \tag{5.4}$$

La transformée inverse est exprimée par l'équation (5.3)

$$y_n = \frac{1}{N}\sum_{k=0}^{N-1} X_k \cos\left[\frac{\pi}{N}\left(n+\frac{1}{2}+\frac{N}{2}\right)\left(k+\frac{1}{2}\right)\right]. \tag{5.5}$$

La variable $w(n)$ est une fenêtre d'analyse de longueur $2N$. Elle doit vérifier les conditions suivantes pour une reconstruction parfaite (Malvar 1992) :

$$\begin{cases} w(n) = w(2N-1-n) \\ (w(n))^2 + (w(N+n))^2 = 1 \end{cases}. \tag{5.6}$$

La fenêtre sinusoïdale dont l'expression est donnée par l'équation (5.7) satisfait ces deux conditions

$$w(n) = \sin\left(\frac{\pi}{2N}\left(n+\frac{1}{2}\right)\right). \tag{5.7}$$

Cette fenêtre est couramment utilisée, car elle présente une bonne atténuation dans la bande de réjection ce qui a pour effet de réduire efficacement les effets de la transformation en blocs. Plutôt que d'appliquer une MDCT nous avons appliqué une TFCT (Transformation de Fourier à Court Terme) discrète ou STFT (Short-Time Fourier Transform), ceci afin de mettre en exergue le fait que le phénomène de « Réverbération » est lié à la technique de codage par transformée et non particulièrement à la MDCT. La TFCT discrète est une généralisation de la TFD (Transformée de Fourier Discrète). Dans des applications pratiques, la TFCT est implémentée par une Transformée de Fourier avec une fenêtre glissante ou SDFT (Sliding Discrete Fourier Transform). Soit x un signal donné, et $w(n)$ la fenêtre d'analyse de longueur N. Soit L le pas de la fenêtre glissante, il correspond à la distance entre le début de chaque trame (le pourcentage de recouvrement est $100 \times (N-L)/N$). Les coefficients de la $m^{\text{ème}}$ trame sont alors définis par l'équation suivante :

$$x_m(n) = w(n)x(n+mL), \quad 0 \leq n \leq N-1. \tag{5.8}$$

La TFCT consiste à appliquer une TFD à chacune des trames. Soit K la taille de la Transformée de Fourier Discrète (TFD), la $k^{ème}$ raie fréquentielle de la TFCT de la $m^{ème}$ trame est définie par :

$$X(k,m) = \sum_{k=0}^{N-1} x_m(n) e^{-j\omega_k n}, \quad \omega_k = k\frac{2\pi}{N}. \tag{5.9}$$

Par la suite, nous utiliserons la STFT ou SDFT, plutôt que la MDCT. Pour apprécier les similitudes entre la MDCT et la STFT, le lecteur pourra se référer à (Wang, Yaroslavsky et al. 2000).

5.5.2.2. Algorithme générant les signaux d'ancrage de la dimension 3

Pour reproduire les défauts générés par la technique de codage par transformée nous avons procédé comme suit (Zango, Le Bouquin Jeannès et al. 2012) :

1) Application d'une TFCT discrète au signal original comme technique de codage par transformée en lieu et place de la MDCT et/ou le banc de filtres.
2) Détermination des raies les plus énergétiques correspondant à celles dont l'amplitude est supérieure à l'amplitude moyenne des raies de la trame à laquelle elles appartiennent.
3) Simulation du modèle psychoacoustique par perte aléatoire des raies fréquentielles les moins énergétiques.
4) Simulation du bruit de quantification via la modulation d'un bruit blanc gaussien par les raies fréquentielles conservées.

Dans (Zango, Le Bouquin Jeannès et al. 2012) la dernière étape de l'algorithme ci-dessus consistant à modéliser le bruit de quantification des raies fréquentielles conservée n'avait pas été insérée. Cette ultime étape a été ajoutée ultérieurement pour mieux reproduire le phénomène d'écho.

L'analyse TFCT a été réalisée en utilisant une fenêtre sinusoïdale avec un recouvrement de 50 %. À partir de l'étude faite sur l'énergie moyenne par trames des voix d'homme et de femme, nous avons déterminé le pourcentage moyen de raies dont l'amplitude est supérieure à l'amplitude moyenne. En notant k_i le nombre des raies de la trame i dont l'amplitude est supérieure à l'amplitude moyenne de la trame considérée, on a déterminé k le pourcentage que représente leur moyenne. Etant donné les moyennes de chaque trame peuvent différer, alors pour une trame i donnée on peut on peut avoir $k_i \ll k$. Aussi, les raies de chaque trame ont été classées par ordre d'énergie décroissante afin d'éviter de supprimer les raies les plus énergétiques.

Ensuite, le modèle psychoacoustique a été reproduit en appliquant aux $(100-k)\%$ des raies restantes une perte aléatoire dont le pourcentage l est fixé par l'utilisateur.

Finalement sur l'ensemble des raies conservées on a appliquée du bruit corrélé (MNRU) dont le rapport signal à bruit est fixé par l'utilisateur.

Pour résumer, la fonction $\Phi_3(k,l,q)$ permettant de générer les signaux d'ancrage de la dimension 3 est fonction des paramètres k, l et q qui représentent respectivement le pourcentage des raies les plus énergétiques, le taux de pertes de raies fréquentielles et le RSB.

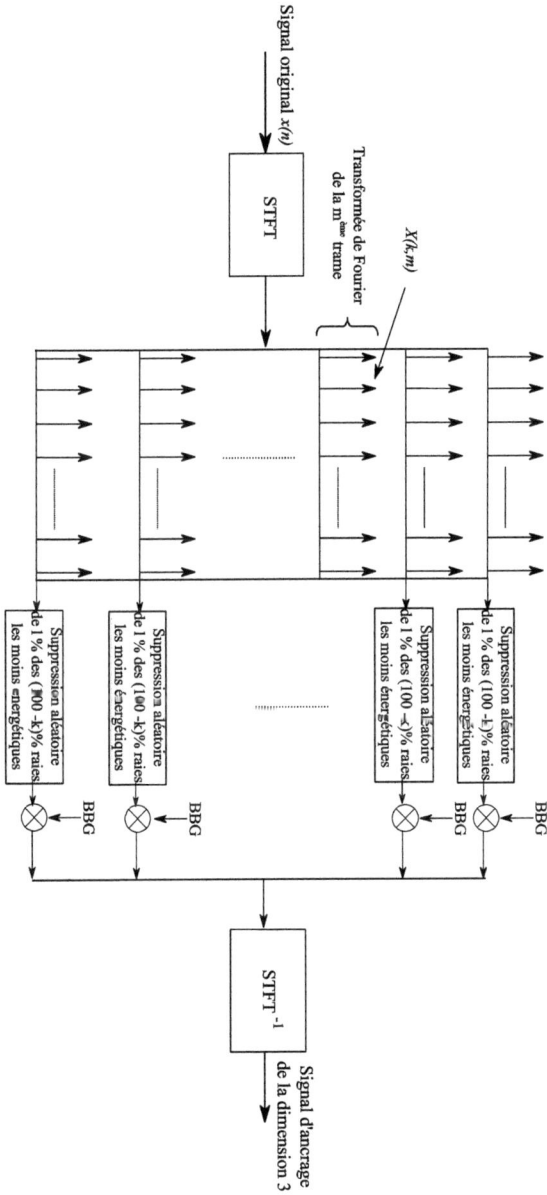

Figure 5.18 Processus de génération des signaux d'ancrage de la dimension 3

5.6. Validation de la dimension 3

La troisième dimension est celle de l'artefact « Écho/Réverbération ». Il a été prouvé lors des études précédentes que cette dimension est essentiellement caractérisée par les codecs MDCT et nous avons proposé une méthode permettant de générer les signaux d'ancrage correspondants. Pour rappel, cette méthode est basée sur la fonction Φ_3 dépendant de trois variables k, l et q représentant respectivement le pourcentage de raies les plus énergétiques (celles conservées d'office), le pourcentage de perte de raies parmi les $(100-k)\%$ restantes et le rapport signal à bruit (le bruit étant le bruit modulé par les fréquences finalement conservées dans chaque trame).

Pour les deux locuteurs, nous avons trouvé une valeur de k proche de 10%. Par conséquent, nous avons fixé $k=10\%$ pour nos expérimentations. Puis nous avons généré 60 signaux d'ancrage de la dimension 3 en faisant varier les valeurs des paramètres l de 0 à 100 avec un pas de 10 et q de -5 dB à 15 dB avec un pas de 5 dB. Une première phase de pré-test nous a conduit à retenir 4 signaux d'ancrage parmi les 60 signaux d'ancrage. Les paramètres de ces 4 signaux d'ancrage respectivement notés 21, 22, 23 et 24[*] sont présentés dans le Tableau 5.8. Les labels dans ce tableau sont écrits sous la forme Rv$l$rsb$q$.

Indices	Labels	Taux de perte de raies fréquentielles l (%)	Rapport signal à bruit q (dB)
21	Rv0rsb15	0	15
22	Rv10rsb10	10	10
23	Rv30rsb10	30	10
24	Rv40rsb15	40	15

Tableau 5.8 Signaux d'ancrage de la dimension 3

5.6.2. Déroulement du test

Vingt-sept sujets âgés de 17 à 40 ans ont participé au test de validation de la dimension 3. La plupart d'entre eux sont expérimentés et aucun d'entre eux ne présente de problèmes d'audition.

Au total, nous disposons donc de 24 stimuli composés des 20 stimuli initiaux auxquels nous avons ajouté les 4 signaux d'ancrage décrits dans le tableau précédent. Les testeurs devaient ainsi comparer 300 paires de stimuli $\left(C_{24}^2 + 24 \text{ paires nulles}\right)$.

Les conditions dans lesquelles s'est déroulé le test sont exactement les mêmes que celles des tests précédents. En raison de sa longue durée, nous avons découpé le test en 2 séances de 2 heures. Au cours de la première séance, les testeurs devaient évaluer les 150 premières paires puis, au cours de la seconde séance, ils devaient comparer les 150 suivantes et procéder en plus à une tâche de verbalisation.

Après analyse des 27 matrices de dissimilarités, nous avons rejeté 4 testeurs (sur le critère de fiabilité évoqué antérieurement) ce qui fait qu'au final ce sont 23 matrices qui seront utilisées pour les différentes analyses.

5.6.3. Analyses INDSCAL

5.6.3.1. Détermination du nombre de dimensions

Dans un premier temps, nous étudions la courbe du stress pour identifier éventuellement un coude. La Figure 5.19 présente la courbe du stress pour les configurations allant de 2 à 25 dimensions. Le coude

---

[*] A ne pas confondre avec les signaux d'ancrage de la section 5.3.

n'est pas flagrant, mais on peut constater sur le Tableau 5.9 que le stress n'est plus significativement amélioré après la configuration à 4 dimensions. Comme la valeur du stress pour cette configuration est de 0,032, l'approximation est jugée correcte (cf. § 4.3.1).

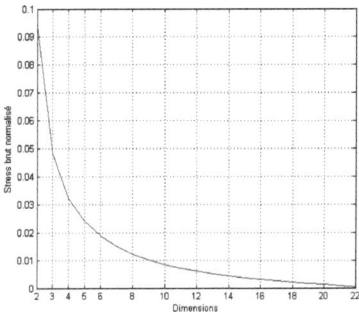

Figure 5.19 Courbe du stress brut normalisé

Dimensions	2	3	4	5	6
Stress	0,095	0,049	0,032	0,024	0,019
Amélioration		0,046	0,016	0,008	0,005

Tableau 5.9 Stress et amélioration du stress

Dans un second temps, nous avons appliqué la CAH aux coordonnées de la configuration à 23 dimensions puis à celles issues de la configuration à 4 dimensions (Figure 5.20 respectivement (a) et (b)).

En coupant le dendrogramme de la configuration à 23 dimensions à une distance de Ward égale à 7,1, on obtient les 5 groupes de codecs de notre base de données initiale. Le signal d'ancrage le plus dégradé (stimulus 24) intègre le groupe des codecs MDCT tandis que les 3 signaux d'ancrage les moins dégradés (stimuli 21 à 23) sont dans le groupe des codecs MLT.

Concernant le dendrogramme de la configuration à 4 dimensions, en coupant l'arbre à la distance de Ward de 4, on obtient également 5 groupes de codecs. Cependant, dans le cas présent, un des groupes est composé des stimuli MDCT les plus dégradés (17 et 20) et du signal d'ancrage le plus dégradé. De plus, dans la configuration à 4 dimensions, le signal d'ancrage le moins dégradé (stimulus 21) rejoint le groupe des codecs hybrides alors que les stimuli 22 et 23 restent dans le groupe des codecs MLT.

En coupant les arbres un peu plus haut, on a dans le cas de la configuration à 23 dimensions les 3 grandes familles de techniques de codage, où les signaux d'ancrage de la dimension 3 se regroupent avec les codecs relevant de la famille de codage par transformée. En revanche, dans le cas de la configuration à 4 dimensions, on voit plutôt émerger 4 groupes, les stimuli 17, 20 et 24 se séparant des autres codecs par transformée.

En conclusion, la configuration à 4 dimensions fournit un espace similaire à celui de la configuration à 23 dimensions, confortant ainsi notre choix des 4 dimensions. Par conséquent, l'introduction des signaux d'ancrage n'a pas engendré une nouvelle dimension orthogonale à celle de l'espace initial. Toutefois, soulignons le fait que le stimulus 21 qui se retrouve au côté des codecs 15 et 16 dans cette configuration est difficilement interprétable.

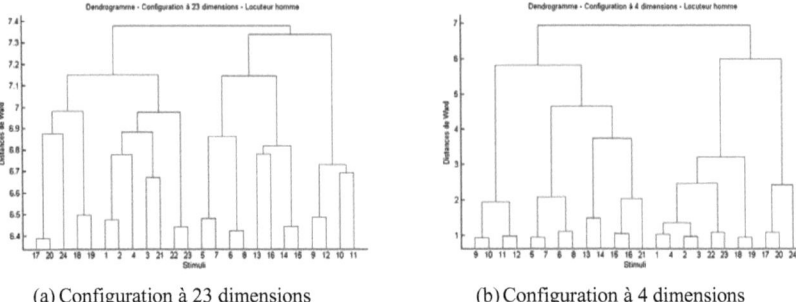

(a) Configuration à 23 dimensions   (b) Configuration à 4 dimensions

Figure 5.20 CAH appliquée aux coordonnées issues de l'analyse INDSCAL

5.6.3.2. Dimensions de l'espace de validation

Nous pouvons constater sur la Figure 5.21.a que la dimension 1 est toujours celle séparant le codage CELP (stimuli 5 à 8 et stimuli 13 à 16) des autres techniques de codage. D'après le Tableau 5.10, la dimension 1 de l'espace de validation est fortement corrélée à la dimension 1 de l'espace initial (0,94). De même, la dimension 2 est fortement corrélée à la dimension 2 de l'espace initial et les codecs G.722 sont situés à l'extrémité positive de cette dimension.

La dimension 3 de l'espace de validation est la plus corrélée à la dimension 3 de l'espace initial. De plus, les stimuli 21 à 24 sont classés par ordre de dégradation croissante sur cette dimension (Figure 5.21.b). Ils pavent donc l'espace suivant la dimension 3.

D'une part, la dimension 4 de l'espace de validation est la plus corrélée à la dimension 4 de l'espace initial (corrélation négative de 0,52). La dimension 4 de l'espace de validation correspond donc à celle de l'espace initial. Par ailleurs, nous pouvons voir que les codecs hybrides (14, 15 et 16) sont situés à l'extrémité négative de cette dimension. Ceci infirme que la dimension 4 de l'espace de validation est aussi caractérisée par les codecs hybrides. De plus, les signaux d'ancrage 22, 23 et 24 sont mis en exergue sur l'extrémité positive de cette dimension.

La Figure 5.22 présente les classifications des codecs via l'algorithme des k-means avec des valeurs de k égales à 3, 4 et 5. D'après la Figure 5.22.a, une classification en 3 partitions n'est pas adaptée à notre cas, car les codecs en forme d'onde ainsi que les codecs CELP se retrouvent dans la même partition. En revanche, les partitionnements en 4 (Figure 5.22.b) et 5 (Figure 5.22.c) classes sont plus acceptables. La différence entre ces deux partitionnements provient de la scission en deux groupes des codecs CELP et hybrides dans le partitionnement à 5 classes.

On peut également observer dans ces deux derniers cas que le signal d'ancrage le plus dégradé (stimulus 24) se retrouve toujours avec les codecs MDCT les plus dégradés (stimuli 17 et 20) alors que les 3 autres signaux d'ancrage (stimuli 21 à 23) forment une classe avec les autres codecs par transformée (stimuli 1 à 4 et stimuli 18 et 19).

Chapitre 5   Modélisation et validation des trois premières dimensions

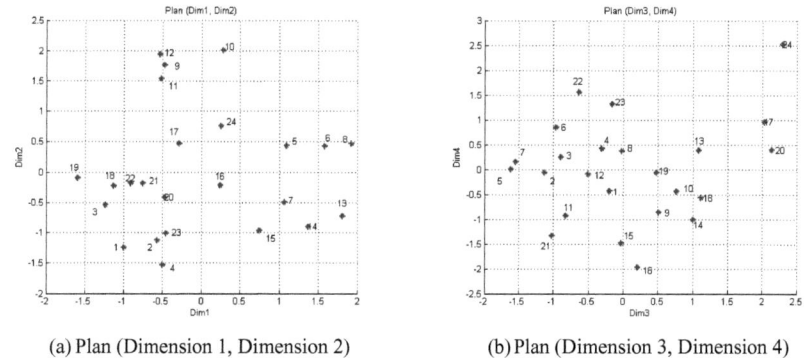

(a) Plan (Dimension 1, Dimension 2)   (b) Plan (Dimension 3, Dimension 4)

Figure 5.21 Projection des stimuli dans l'espace perceptif de validation de la dimension 3

		Espace initial INDSCAL			
		Dim 1	Dim 2	Dim 3	Dim 4
Espace de validation INDSCAL	Dim 1	0,94	0,13	0,22	-0,03
	Dim 2	-0,1	0,87	0,09	-0,14
	Dim 3	-0,35	0,12	0,69	0,33
	Dim 4	0,05	-0,06	0,41	-0,52

Tableau 5.10 Corrélation entre l'espace de validation de la dimension 3 et l'espace initial – INDSCAL

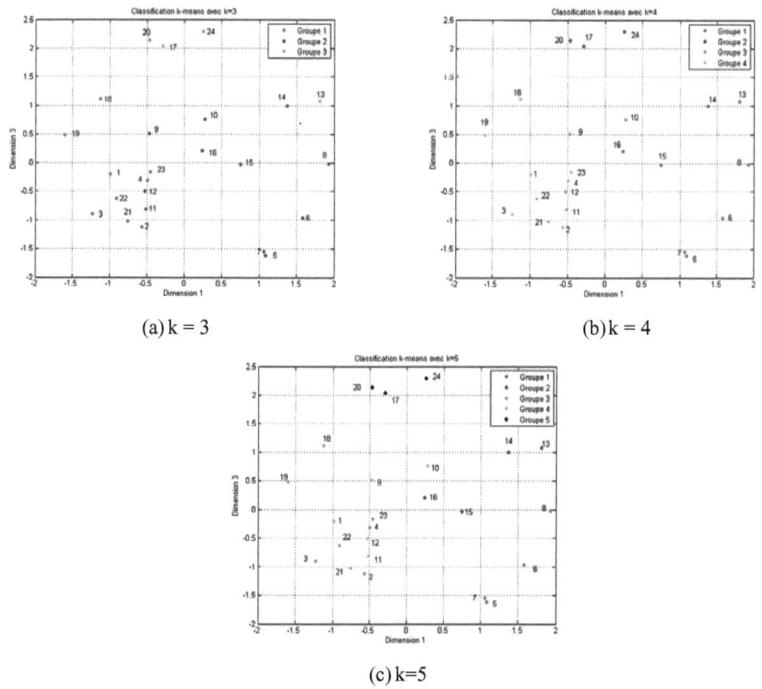

(a) k = 3   (b) k = 4

(c) k = 5

Figure 5.22 Classification k-means – Plan (Dimension 1, Dimension 3)

- 139 -

5.6.4. Analyse AFM

La Figure 5.23 présente la courbe des valeurs propres obtenue à l'issue de l'analyse AFM. On observe très distinctement un coude au niveau de la 5ème dimension, corroborant le fait que le nombre optimal de dimensions est 4.

En calculant la corrélation entre l'espace AFM et l'espace de la configuration à 4 dimensions de l'analyse INDSCAL, on constate que les dimensions 1, 2, 3 et 4 de l'espace de validation (AFM) sont respectivement bien corrélées aux dimensions 1, 3, 2 et 4 de l'espace initial INDSCAL (Tableau 5.11). Dans l'espace de validation AFM, les dimensions « Bruit de Fond » et « Écho/Réverbération » semblent donc inversées (respectivement 3ème dimension et 2ème dimension).

D'autre part, nous avons appliqué la CAH aux 23 facteurs principaux de l'analyse AFM. En faisant une coupure à la distance de Ward de 20, nous obtenons 4 groupes de codecs (Figure 5.24.a). Le premier groupe est formé des codecs en forme d'onde uniquement. Le second groupe est un groupe comprenant les signaux d'ancrage 21 à 23, des codecs hybrides implémentant la TDAC (stimuli 15 et 16) et les codecs par transformée excepté les stimuli 17 et 20. Le troisième groupe comprend les codecs CELP et les codecs hybrides n'implémentant pas de TDAC. Le dernier groupe est formé des codecs MDCT de moins bonne qualité (stimuli 17 et 20) et du signal d'ancrage le plus dégradé (stimulus 24). Dans un second temps, nous avons appliqué la CAH aux 4 premiers facteurs principaux de l'analyse AFM. En faisant une coupure du dendrogramme à une hauteur de 17, on obtient également 4 groupes de codecs. Le premier groupe est toujours celui des codeurs en forme d'onde. Le second groupe est celui des codecs MLT, des signaux d'ancrage 21 à 23 et des codecs MDCT de meilleure qualité (stimuli 18 et 19). Le groupe 3 est formé, comme dans le cas précédent, des stimuli MDCT 17 et 20 et du signal d'ancrage le plus dégradé. Enfin, le dernier groupe est celui de la technique de codage CELP (codecs CELP et hybrides). Au vu de ces résultats, on se rend compte que restreindre l'analyse uniquement aux 4 premiers facteurs principaux permet d'obtenir un regroupement des codecs liés à leurs caractéristiques techniques comme c'était le cas lorsque l'on conservait les 23 dimensions. Remarquons que seul le signal d'ancrage 24 se retrouve avec les stimuli 17 et 20. Ceci peut s'expliquer par le fait que le choix des paramètres du signal d'ancrage 24 avait été établi afin qu'il soit perceptuellement proche de ces deux codecs.

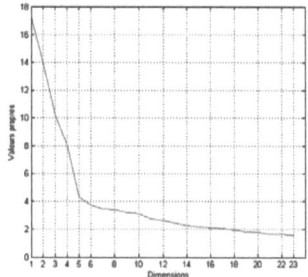

Figure 5.23 Courbe des valeurs propres

		Espace initial INDSCAL			
		Dim 1	Dim 2	Dim 3	Dim 4
Espace de validation AFM	Dim 1	0,92	-0,15	0,1	0,03
	Dim 2	0,2	0,48	-0,57	0,1
	Dim 3	0,1	0,83	0,48	-0,02
	Dim 4	0,02	-0,06	0,16	-0,69

Tableau 5.11 Corrélation entre l'espace AFM de validation de la dimension 3 et l'espace initial INDSCAL

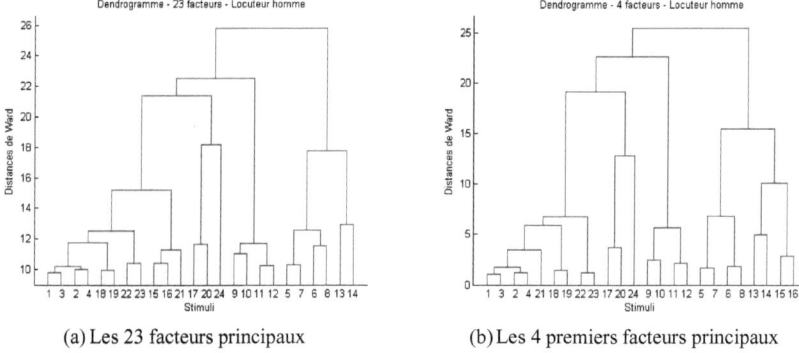

(a) Les 23 facteurs principaux (b) Les 4 premiers facteurs principaux

Figure 5.24 CAH appliquée aux coordonnées des stimuli issues de l'analyse AFM

5.6.5. Verbalisation

Nous avons procédé à un second test de verbalisation afin de confirmer les étiquettes attribuées aux différentes dimensions et de vérifier que les signaux d'ancrage les plus dégradés sont bien qualifiés par les attributs « Écho/Réverbération » par les testeurs.

Au cours de ce test, les testeurs devaient écouter les 24 paires d'échantillons de parole. Dans chaque paire, le premier échantillon était la référence (signal original) et le second échantillon l'un des 24 stimuli (les 20 tandems/codecs et les 4 signaux d'ancrage).

Pour chaque paire d'échantillons de parole, les testeurs devaient décrire à l'aide des attributs du Tableau 5.12 les défauts qu'ils percevaient sur le second échantillon par rapport au premier. Onze attributs ont été proposés et regroupés en 4 classes en agrégeant les synonymes comme indiqué dans ce même tableau.

Indices du groupe	Attributs	Labels
1	Voix de Robot	VR
	Réverbération	RV
	Écho	EC
	Voix Métallique	VM
2	Bruit de Fond	BF
3	Sourd	SR
	Variation d'Énergie	VE
	Son Grave	SG
	Son Étouffé	SE
4	Distorsion de la Parole	DP
	Grincement	GR

Tableau 5.12 Liste des attributs à utiliser lors du test de validation de la dimension 3

5.6.5.2. Collecte des données

Pour chaque testeur, nous avons dressé un tableau à valeurs binaires. Lorsqu'un testeur utilisait un attribut pour qualifier un stimulus, nous le signalions par la valeur « 1 » et dans le cas contraire par la valeur « 0 ». Nous avons ensuite additionné tous les tableaux. Le tableau résultant a finalement été transformé en tableau de pourcentages (Tableau 5.13). Les matrices de dissimilarités des testeurs ainsi que la matrice induite par le Tableau 5.12 ont été concaténées puis traitées par l'AFM en attribuant aux variables du tableau de verbalisation le statut de variables « supplémentaires ».

La dimension 1 contribue à hauteur de 18% à la variation expliquée totale. On constate sur le Tableau 5.13 que la dimension 1 de l'espace de validation (AFM) est fortement corrélée aux attributs « Sourd » et « Son Étouffé ». Cela confirme que la dimension 1 de l'espace de validation est bien représentative de l'artefact « Sourd ». On note également que les attributs « Variation d'énergie » et « Son Grave » sont relativement peu utilisés par les testeurs pour qualifier cette dimension.

La dimension 2 de l'espace de validation (AFM) représente 14 % de la variance expliquée totale et est fortement corrélée aux attributs « Voix de Robot » et « Écho ». Ceci s'explique par le fait que cette dimension correspond à la dimension 3 de l'espace initial (Tableau 5.11).

La dimension 3 représente 10% de la variance expliquée totale. Nous avions plus haut montré qu'elle correspondait à la dimension 2 de l'espace initial (INDSCAL), ce qui explique sa forte corrélation avec l'attribut « Bruit de Fond » (Tableau 5.14 et Figure 5.25). Il faut cependant reconnaitre que l'attribut « Bruit de Fond » présente une plus forte corrélation avec la dimension 2 de l'espace de validation AFM.

La dimension 4 représente, quant à elle, 8% de la variance expliquée totale. Elle présente sa plus forte corrélation avec la dimension 4 de l'espace initial d'après le Tableau 5.11. Il faut cependant reconnaître que la dimension 4 n'est pas très corrélée avec l'attribut « Distorsion de la Parole » que nous lui avions associée lors de la phase de validation des deux premières dimensions.

Indices	VR	RV	EC	VM	BF	SR	VE	SG	SE	DP	GR
1	0,1	0,21	0,14	0,21	0,07	0	0,07	0,07	0,07	0,03	0,03
2	0,11	0,11	0,11	0,15	0,11	0,04	0,11	0	0,07	0,15	0,04
3	0,06	0,32	0,1	0,1	0,03	0,03	0,13	0,03	0,03	0,16	0
4	0,2	0,13	0,13	0,23	0	0,03	0,07	0,03	0,07	0,1	0
5	0,03	0	0	0,09	0,06	0,16	0,03	0,16	0,34	0,09	0,03
6	0	0,03	0	0	0,09	0,19	0,03	0,06	0,5	0,09	0
7	0,04	0,07	0	0,04	0,07	0,14	0,04	0,18	0,32	0,07	0,04
8	0,06	0,06	0	0,06	0,06	0,15	0	0,18	0,41	0,03	0
9	0,03	0,03	0,06	0,03	0,66	0	0	0	0,03	0,03	0,13
10	0,03	0,03	0,05	0,08	0,62	0	0,05	0	0	0,05	0,08
11	0	0	0	0	0,83	0	0,08	0	0,04	0	0,04
12	0	0	0	0	0,96	0	0	0	0	0	0,04
13	0,03	0	0,03	0,05	0,13	0,18	0,03	0	0,42	0,08	0,05
14	0,03	0,05	0,03	0	0,19	0,16	0	0,08	0,3	0,16	0
15	0,05	0,05	0,02	0,05	0,31	0,07	0	0,1	0,31	0,05	0
16	0,03	0,06	0,03	0,03	0,42	0,03	0,11	0,06	0,11	0,11	0,03
17	0,15	0,15	0,12	0,12	0	0,03	0	0,03	0	0,15	0,24
18	0	0,2	0,07	0,3	0,1	0	0,03	0,1	0,03	0,07	0,1
19	0,08	0,28	0,12	0,24	0,08	0	0,04	0	0,04	0,04	0,08
20	0,08	0,06	0,19	0,28	0,14	0	0	0,03	0	0,11	0,11
21	0	0,05	0,1	0,05	0,25	0,05	0,15	0,1	0	0,2	0,05
22	0,2	0,24	0,12	0,24	0,04	0	0,04	0,04	0	0,08	0
23	0,3	0,2	0,13	0,17	0	0	0	0,1	0	0,07	0,03
24	0,56	0	0,06	0,09	0,03	0	0	0,06	0,03	0,16	0

Tableau 5.13 Représentation quantitative de la matrice de verbalisation du test de validation de la dimension « Écho/Réverbération »

Attributs	Dim 1	Dim 2	Dim 3	Dim 4
VR	-0,06	-0,8	0,02	-0,27
RV	-0,37	-0,26	-0,59	0,11
EC	-0,57	-0,56	-0,36	0,01
VM	-0,44	-0,5	-0,38	0,17
BF	-0,34	0,67	0,48	-0,3
SR	0,91	0,15	0,02	0,26
VE	-0,21	0,29	-0,51	-0,07
SG	0,52	-0,01	-0,24	0,35
SE	0,92	0,2	0,05	0,23
DP	0,12	-0,49	-0,27	-0,07
GR	-0,51	-0,16	0,4	0,36

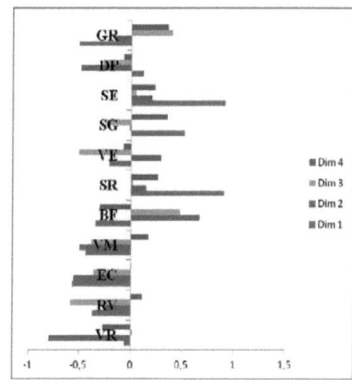

Tableau 5.14 Corrélations entre les attributs et les dimensions de l'espace de validation AFM

Figure 5.25 Histogramme des corrélations

5.7. Conclusion

Au cours de ce chapitre, nous avons commencé par présenter des mesures objectives ainsi que des indicateurs permettant de caractériser objectivement les deux premières dimensions. De cette étude, il ressort que ces deux dimensions sont représentatives des artefacts « Réduction de la largeur de bande » et « Bruit de Fond ». Nous avons ensuite procédé à des tests de dissimilarité et de verbalisation afin de valider ces deux dimensions de manière isolée. De par nos tests de verbalisation nous avons réussi à labelliser les dimensions à l'aide des attributs « Sourd », « Bruit de Fond », « Écho/Réverbération » et « Distorsion de la Parole ».

Par la suite, nous avons montré que la dimension 3 était représentative des défauts des codecs par transformée. Pour générer les signaux d'ancrage de cette dimension, nous avons proposé une modélisation des codecs par transformée et un modèle psychoacoustique en utilisant une Transformée de Fourier à Court Terme. Enfin, à l'aide de tests de dissimilarité et de verbalisation nous avons validé ce modèle et confirmé la labellisation des dimensions.

Dans le prochain chapitre, nous présenterons des propositions concernant la modélisation de la dimension 4 que nous avons qualifiée jusqu'à présent de « Distorsion de la Parole » même si le second test de verbalisation effectué lors de la phase de validation de la dimension « Écho » n'a pas permis de confirmer cet attribut.

Chapitre 6

Propositions de signaux d'ancrage de la dimension 4

6.1. Dimension 4 : « Distorsion de la parole »

La dimension 4 est caractérisée par les codecs hybrides G.729.1. En observant la Figure 6.1 présentant la projection des codecs dans le plan (Dimension 1, Dimension 4) de l'espace de projection INDSCAL, on constate que les codecs implémentant la technique de codage CELP (les familles de codecs G.722.2 et G.729.1) se distinguent des autres codecs sur la dimension 1 (réduction de la largeur de bande) en se regroupant sur cette dimension (dans le cas du locuteur homme). Si, d'un point de vue perceptif, le point commun entre les codecs G.722.2 et G.729.1 est leur caractère « Sourd », ces codecs se révèlent diamétralement opposés sur la dimension 4 ce qui montre que la dimension « Distorsion de la Parole » semble liée aux artefacts générés par le codage AbS (au-delà de la défaillance de ce type de codage à reproduire les hautes fréquences). Cet artefact est dû à l'erreur introduite par la quantification des coefficients LPC. Mattila a montré que les codecs de la parole peuvent être projetés dans un espace où la quatrième dimension qualifiée de « bulleuse » (bubbling sound) est celle représentative des défauts du codage LPC (Mattila 2002).

Nous rappelons que les distances IS et LLR moyennes présentent de bonnes corrélations avec la dimension 4, respectivement 0,58 et 0,68, renforçant ainsi notre idée que la dimension 4 est liée aux distorsions subies par les coefficients LPC (Tableau 6.1). De plus, nous constatons, d'après le Tableau 6.1, que la dimension 4 est la plus corrélée à la distance IS minimale dans chaque trame (-0,52). Nous pouvons par ailleurs observer sur la Figure 6.2 que les stimuli hybrides ont les distances IS minimales les plus élevées, et plus particulièrement les stimuli 13 et 14 qui sont objectivement les plus dégradés des codecs hybrides (Figure 6.1).

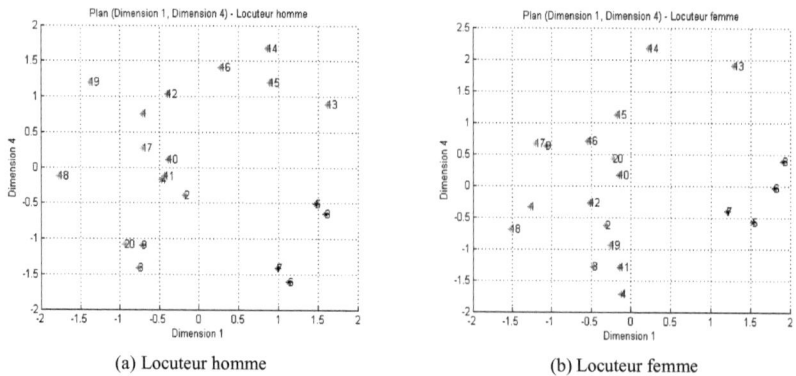

(a) Locuteur homme　　　　　　　　(b) Locuteur femme

Figure 6.1 Plan (Dimension 1, Dimension 4) de l'espace initial – INDSCAL

	Distances spectrales					
	IS			LLR		
	Minimum	Maximum	Moyenne	Minimum	Maximum	Moyenne
Dimension 1	-0,2	-0,69	-0.78	0,72	-0,72	-0,71
Dimension 2	0,39	0,04	0,01	0.13	-0,01	0,2
Dimension 3	0,02	0,03	0,07	0.31	-0,04	0,2
Dimension 4	-0,52	0,65	0,58	-0.02	0,69	0,68

Tableau 6.1 Corrélation entre les distances IS, LLR et les dimensions de l'espace INDSCAL – locuteur homme

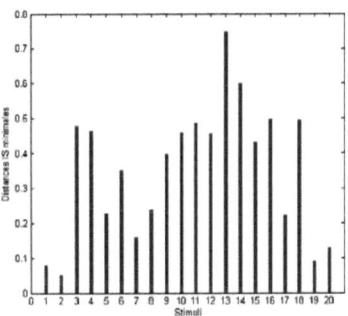

Figure 6.2 Distances spectrales IS minimales – Locuteur homme

Nous venons de montrer que la dimension 4 est liée aux défauts du codage LPC. Par conséquent, nous proposons deux méthodes pour générer les signaux d'ancrage de cette dimension. La première consiste à simuler la quantification des coefficients LSP issue de l'analyse LPC.

6.1.2. Méthode de bruitage des coefficients LSP

Le principe de cette méthode vise à simuler la quantification des coefficients LSP en leur appliquant du bruit modulé. Dans un premier temps, le signal original (à bande élargie) est sous-divisé en trames avec un recouvrement de 50%. Puis, une analyse LPC est appliquée à chaque trame. Soit A_k le vecteur des coefficients LPC de la $k^{\text{ème}}$ trame. Les vecteurs A_k sont convertis en coefficients LSP L_k. Pour créer les signaux d'ancrage, nous appliquons du bruit modulé à ces coefficients LSP selon l'équation suivante :

$$D_k = L_k + 10^{\frac{-Q}{20}} L_k \cdot B, \qquad (6.1)$$

où D_k est le coefficient LSP du signal d'ancrage, N est un bruit blanc gaussien de moyenne nulle et de variance unité. Il est tel que le rapport signal à bruit est défini par Q. Les coefficients LSP D_k sont ensuite reconvertis en coefficients LPC $\tilde{A}_k$. Enfin le signal d'ancrage est obtenu en appliquant à l'erreur de prédiction un filtre de synthèse dont les coefficients sont les $\tilde{A}_k$.

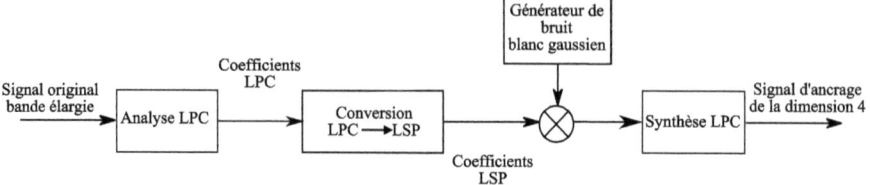

Figure 6.3 Génération de signaux d'ancrage – Méthode basée sur la modélisation de la quantification des coefficients LSP

6.1.3. Méthode de suppresseurs de bruit

La seconde méthode proposée n'est pas liée aux défauts de codage mais est inspirée des distorsions de parole introduites par les suppresseurs de bruit.

Il est connu que les réducteurs de bruit génèrent parallèlement de la distorsion de la parole. C'est ce phénomène que nous exploitons pour proposer l'une des méthodes permettant de générer le signal d'ancrage pour la dimension 4. Le type de réduction de bruit utilisé est celui basé sur la soustraction des sous-bandes spectrales.

6.1.3.1. Technique de réduction de bruit par soustraction spectrale

Soit un signal de parole $x(n)$ corrompu par du bruit blanc gaussien additif noté $b(n)$. Soit $y(n)$ le signal dégradé résultant :

$$y(n) = x(n) + b(n). \tag{6.2}$$

Sa Transformée de Fourier est définie par :

$$Y(\omega) = X(\omega) + B(\omega). \tag{6.3}$$

Le principe de cette technique est d'estimer le spectre du signal propre (original) en soustrayant du spectre du signal bruité une estimation du spectre du bruit additif.

Soit $\hat{B}(\omega)$ une estimation du spectre du bruit. Si le bruit est stationnaire, son amplitude peut être estimée en calculant la moyenne de l'amplitude sur les périodes de silence de parole. La phase du signal original est supposée égale à celle du signal bruité. Ainsi, en supposant que le bruit et le signal original sont décorrélés, on montre que la densité spectrale de puissance d'une estimation du signal original peut être obtenue de la façon suivante (Lu and Loizou 2008) :

$$\left|\hat{X}(\omega)\right|^2 = \left|Y(\omega)\right|^2 - \left|\hat{B}(\omega)\right|^2. \tag{6.4}$$

L'équation (6.4) peut être réécrite :

$$\left|\hat{X}(\omega)\right|^2 = H(\omega)^2 \left|Y(\omega)\right|^2 \tag{6.5}$$

où

$$H(\omega) = \sqrt{1 - \frac{\left|\hat{B}(\omega)\right|^2}{\left|Y(\omega)\right|^2}}. \tag{6.6}$$

La fonction de transfert $H(\omega)$ est appelée fonction de gain ou de suppression. Le signal original est estimé via une Transformée de Fourier inverse de $\hat{X}(\omega)$.

6.1.3.2. Indice de distorsion de parole

Il s'agit d'une mesure utilisée pour quantifier la distorsion sur le signal estimé $\hat{x}(n)$ suite à la soustraction du bruit. L'indice de distorsion de parole à l'instant n est défini par l'équation suivante (Chen, Benesty et al. 2006) :

$$\varphi = \frac{E\left\{\left[x(n)-\hat{x}(n)\right]^2\right\}}{E\left[x(n)^2\right]}. \tag{6.7}$$

Soit $h(n)$ la réponse impulsionnelle du filtre dont la fonction de transfert est donnée en (6.6). On écrit :

$$\hat{x}(n) = \mathrm{h}^T \mathrm{y}, \tag{6.8}$$

où $\mathrm{h} = \left[h(0)\ h(1)\ h(2)\cdots h(L-1)\right]^T$ est un filtre à réponse impulsionnelle finie de longueur L et $\mathrm{y} = \left[y(0)\ y(1)\ y(2)\cdots y(L-1)\right]^T$ est un vecteur contenant les L plus récentes valeurs de y. L'équation (6.7) devient alors :

$$\varphi = \frac{E\left\{\left[x(n)-\mathrm{h}^T \mathrm{y}\right]^2\right\}}{E\left[x(n)^2\right]}. \tag{6.9}$$

6.1.3.3. Proposition de conception du signal d'ancrage

Soient $x(n)$ le signal de parole original et $b(n)$ un bruit blanc gaussien additif. Considérons un signal bruité $y(n) = x(n) + b(n)$ tel que le RSB est fixé arbitrairement. Nous le nommerons « NBS » (Niveau de Suppression du Bruit). Soit h^{opt} la réponse impulsionnelle de la fonction de suppression obtenue via la technique de soustraction spectrale.

Étant donné que les suppresseurs de bruit introduisent de la distorsion de parole, pour générer un signal d'ancrage x_a de la dimension 4, nous appliquons la fonction h au signal bruité $y(n)$:

$$x_a = h * (x+b). \tag{6.10}$$

Nous montrons dans la suite que la quantité de distorsion du signal d'ancrage est en effet liée au NSB. Pour ce faire, nous évaluons l'indice de distorsion du signal d'ancrage x_a :

$$\varphi_a = \frac{E\left\{\left[x(n)-x_a(n)\right]^2\right\}}{E\left[x(n)^2\right]},$$

$$\varphi_a = \frac{E\left\{\left[x(n)-\mathrm{h}^T(\mathrm{x+b})\right]^2\right\}}{E\left[x(n)^2\right]}. \tag{6.11}$$

En supposant que le bruit est centré et décorrélé du signal original, l'équation (6.11) devient :

$$\varphi_a = \frac{E\left\{\left[x(n)-\mathrm{h}^T \mathrm{x}\right]^2\right\} + E\left\{\left[\mathrm{h}^T \mathrm{b}\right]^2\right\}}{E\left[x(n)^2\right]}. \tag{6.12}$$

L'équation (6.12) implique que l'indice de distorsion augmente lorsque la densité spectrale de puissance du bruit augmente autrement dit lorsque le NSB diminue.

En résumé, la seconde proposition pour la génération des signaux d'ancrage de la quatrième dimension que nous avançons consiste à ajouter du bruit blanc gaussien au signal orignal avec une puissance fixée par le NSB. Puis, la technique de réduction de bruit basée sur la méthode de la soustraction spectrale est appliquée au signal ainsi bruité. En notant $\Phi_4(NSB)$ la fonction permettant de générer des signaux d'ancrage de la dimension 4, celle-ci ne dépend que du NSB. Le taux de distorsion de la parole est inversement proportionnel à la valeur du NSB. La Figure 6.2 présente un synoptique de cette première proposition.

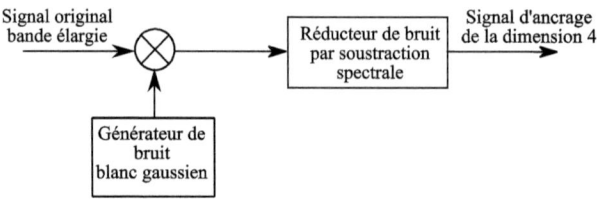

Figure 6.4 Génération de signaux d'ancrage – Méthode basée sur la suppression du bruit via la technique de soustraction spectrale

6.2. Conclusion

La dimension 4 que nous avons labellisée « Distorsion de la Parole » est caractérisée par les codecs hybrides. Nous avons montré qu'elle est corrélée aux distances spectrales basées sur les distances LPC. Nous en avons déduit que cette dimension est liée au codage CELP (AbS). Ainsi, pour générer les signaux d'ancrage de cette dimension nous avons proposé deux méthodes. La première consiste à simuler la quantification des coefficients LSP dans une analyse LPC. Pour ce faire nous avons modulé les coefficients LSP par du bruit blanc gaussien. Le taux de dégradation est donc dépendant de la densité spectrale de puissance du bruit modulé simulant cette quantification. La seconde méthode se fonde sur la distorsion qu'engendrent les suppresseurs de bruit. Les signaux d'ancrage sont générés en appliquant la suppression de bruit via la technique de soustraction spectrale sur le signal auquel est ajouté du bruit blanc gaussien. Le taux de dégradation est contrôlé par le rapport signal à bruit relatif au bruit additif.

Pour des raisons de temps, nous n'avons malheureusement pas pu effectuer de tests subjectifs pour valider ces signaux et choisir le plus adapté aux jugements perceptifs.

Conclusion générale et perspectives

Ce travail de thèse a été amorcé par l'équipe HEAT (Human media Experience Assessments Tools and new Technologies) du laboratoire OPERA (audiOvisuel and sPEech foR quAlity) qui a pour cœur de métier l'évaluation de la qualité subjective des différents services audio, vidéo et audiovisuels du groupe France Télécom. Les services audio étant de plus en plus largement développés dans le monde des télécommunications, les opérateurs de télécommunications se doivent d'évaluer la qualité des codecs audio qu'ils intègrent afin de faire face à la concurrence. L'évaluation de cette qualité peut être conduite via des méthodes objectives et/ou subjectives. L'évaluation subjective reste la plus fiable, mais elle nécessite l'introduction de signaux de référence, et ce, pour permettre à différents laboratoires de comparer leurs résultats, ou encore de comparer les résultats des études d'un même laboratoire menées à différentes périodes et faciliter la tâche de jugement aux auditeurs en fournissant des points d'ancrage calibrant subjectivement l'échelle de jugement.

Le système de référence actuellement utilisé est le MNRU (Modulated Noise Reference Unit), conçu pour simuler le bruit de quantification des codeurs des années 80 dont l'unique défaut de codage était le bruit de quantification. Avec les prouesses réalisées aussi bien en traitement du signal qu'en codage de la parole, de nombreux codeurs intégrant des techniques bien plus complexes que le codage par forme d'onde ont vu le jour. Le système MNRU devient obsolète, n'étant plus adapté à l'évaluation subjective de la qualité des codeurs actuels. Mes travaux avaient donc pour visée la conception d'un nouveau système de référence pour remplacer ce système. Notre étude a reposé sur l'hypothèse de la nature multidimensionnelle de la qualité de la parole au sens large. Une première étape de mon travail a consisté à retrouver l'espace perceptif dans lequel les codeurs actuels peuvent être projetés. Pour ce faire, deux méthodes de réduction de dimensionnalité (Analyse Factorielle Multiple et Analyse Multidimensionnelle des Proximités) ont été étudiées et comparées. La technique de réduction de dimensions avait pour but de ne conserver que les principales dimensions de l'espace perceptif, celles-ci représentant les défauts perceptifs les plus représentatifs des codeurs. L'utilisation de l'analyse multifactorielle a permis de corroborer les résultats obtenus par l'analyse multidimensionnelle classique (MDS), en évitant les problèmes de convergence de la MDS et en permettant d'inclure dans une même analyse des variables supplémentaires descriptives issues d'épreuves de verbalisation en vue d'une phase future d'élaboration des signaux d'ancrage. Cette étude comparative nous a permis de conclure sur un espace perceptif des codecs quadridimensionnel et à une forte corrélation entre cet espace perceptif et les techniques de codage implémentées dans ces codecs (Zango, Le Bouquin Jeannès et al. 2011c). Des signaux d'ancrage correspondant à la dimension « Sourd » ou « Réduction de largeur de bande » ont été conçus en appliquant au signal original des filtres passe-bas dont les fréquences de coupure sont respectivement 3,5 kHz, 4,5 kHz et 5,5 kHz. Ceux de la seconde dimension ont été obtenus en ajoutant du bruit blanc gaussien au signal original avec des rapports signal à bruit respectivement égaux à 35, 45 et 55 dB. Un test de dissimilarité réalisé sur une base composée des mêmes codecs et des 6 signaux de référence précédents a montré la stabilité de l'espace perceptif, les signaux d'ancrage se projetant aux extrémités des axes pour lesquels ils ont été conçus (Zango, Le Bouquin Jeannès et al. 2011a) (Zango, Le Bouquin Jeannès et al. 2011). À la lumière des résultats des tests de verbalisation, il ressort que les quatre dimensions de l'espace construit sont caractérisées respectivement par les attributs « Sourd », « Bruit de Fond », « Écho/Réverbération» et « Distorsion de la Parole ».

Les codecs caractérisant au mieux la dimension « Écho/réverbération » étant les codecs MDCT (Modified Discrete Cosine Transform), pour construire les signaux d'ancrage de cette dimension, nous avons appliqué au signal original une analyse de Fourier à court-terme et, dans chaque trame, supprimé de manière aléatoire les raies les moins énergétiques (celles ayant une amplitude inférieure à l'amplitude moyenne de leur trame), avant de moduler les raies conservées par du bruit blanc gaussien. Ainsi, les paramètres contrôlant la dégradation sont d'une part le taux de perte de raies et d'autre part le rapport signal à bruit du bruit modulé. Les études relatives aux conception et validation des signaux d'ancrage de la dimension « Écho/Réverbération » ont fait l'objet d'une publication lors de la conférence EUSIPCO 2012 (Zango, Le Bouquin Jeannès *et al.* 2012) dans laquelle nous avons également présenté la validation des signaux d'ancrages des deux premières dimensions.

D'autre part, nous avons montré que la quatrième dimension présente une bonne corrélation avec des mesures objectives spectrales telles que les distances LLR et LSD, et qu'elle est représentative des défauts du codage CELP. Ainsi pour modéliser le signal d'ancrage de la 4ème dimension, deux techniques ont été proposées. La première vise à simuler le bruit de quantifications des coefficients LSP. En effet cette technique revient à appliquer la technique du MNRU sur les coefficients LSP du signal original. La seconde technique quant à elle repose sur la modélisation de la distorsion induite par les suppresseurs de bruit. Pour ce faire, nous appliquons une technique de soustraction de spectre au signal original auquel a été préalablement ajouté du bruit blanc gaussien. Nous montrons que le taux de dégradation est contrôlé par le rapport-signal-à-bruit appelé « Niveau de Bruit ». Cependant, pour des raisons de temps, ces signaux d'ancrage n'ont pas pu être validés par des tests subjectifs.

Les perspectives de travaux de recherche sont généralement innombrables. Cependant, à court terme, la première remarque que nous faisons est que les tests subjectifs visant la validation des signaux d'ancrage ont tous été basés sur la voix d'homme. Par conséquent, la première perspective à envisager pour ces travaux est l'élaboration de tests subjectifs visant la validation de ces signaux sur la voix de femme.

Nous rappelons que les codecs de parole (CELP) ont du mal à reproduire des signaux de musique et audio en général, car ils sont conçus sur le modèle de la production de la parole ce qui les rend sous-optimaux pour des signaux musicaux. Il serait donc aussi intéressant de vérifier que nos signaux d'ancrage sont valables dans le cas de la musique et dans le cas de signaux entachés par différents bruits environnementaux. Ainsi, la seconde perspective à court terme est la validation des signaux d'ancrage sur des signaux musicaux mixtes (parole et audio) ainsi que sur des signaux bruités.

Par ailleurs, une autre perspective à court terme est la recherche de mesures objectives présentant de bonnes corrélations avec la troisième dimension. Ceux-ci pourront guider le choix des paramètres de dégradation en fonction des tests à effectuer.

Faute de temps, les propositions de conception de signaux d'ancrage de la 4ème dimension n'ont pu être validées par des tests subjectifs. Comme perspective très prochaine, il faudra procéder à leur validation et choisir le modèle le plus performant en s'aidant des mesures objectives corrélées à la dimension 4. Finalement, il conviendra, suite à un test subjectif, de valider l'ensemble des signaux d'ancrage simultanément.

Rappelons que nos différentes études ont toutes été effectuées sur des signaux monophoniques « bande élargie ». Ce choix fut basé sur les communications du type téléphonique. Cependant, avec l'émergence des nouveaux types de communication tels que la téléconférence, il serait indispensable à long terme d'adapter les signaux d'ancrage non seulement aux autres gammes de qualité supérieure à celle de la « bande téléphonique » (la « bande super élargie » et la « bande pleine ») mais aussi aux signaux spatialisés (stéréo et 3 D).

Liste des publications

- Zango, Y., Le Bouquin Jeannès R., *et al.* (2009). Conception de signaux de référence pour calibrer l'évaluation subjective des codeurs du son et de la parole. Journées des Jeunes Chercheurs en Audition, Acoustique musicale et Signal audio 2009, Marseille.
- Zango, Y., Le Bouquin Jeannès R., *et al.* (2011a). Anchor Signals Validation for Two Dimensions of a Four-Dimensional Perceptive Space. 130th AES convention London.
- Zango, Y., Le Bouquin Jeannès R., *et al.* (2011b). Identification of perceptive dimensions of speech and audio codecs subjective quality. EUSIPCO Barcelona.
- Zango, Y., Le Bouquin Jeannès R., *et al.* (2011c). Classification de codecs de la parole et du son sur des critères perceptifs. GRETSI, Bordeaux, France.
- Zango, Y., Le Bouquin Jeannès R., *et al.* (2012). Modeling speech and audio codecs reverberation artifact. EUSIPCO, Bucharest.
- Zango, Y., Quinquis, C., Le Bouquin Jeannès, R. (2012). On codecs impairments. Study Group 12 – Contribution 326, Geneva, Switzerland.

Bibliographie

3GPP (2006). TS 26.401. Enhanced aacPlus General Audio Codec; General Description

Ahmed, N. (1972). Some considerations of the discrete Fourier and Walsh-Hadamard transforms. Proceedings of the IEEE Conference on Decision and Control and 11th Symposium on Adaptive Processes.

Ahmed, N., T. Natarajan, et al. (1974). "Discrete Cosine Transform." IEEE Transactions on Computers C-23(1): 90-93.

American-National-Standards-Institute (1989). Method for measuring the intelligibility of speech over communication systems. Melville, NY, Standards Secretariat, Acoustical Society of America. ANSI S3.2-1989 (R1999).

Atal, B. and J. Remde (1982). A new model of LPC excitation for producing natural-sounding speech at low bit rates. IEEE International Conference on Acoustics, Speech and Signal Processing (ICASSP '82).

Bappert, V. and J. Blauert (1994). "Auditory quality evaluation of speech-coding systems." acta acustica 2: 49-58.

Beerends, J. and J. Stemerdink (2012). "A perceptual audio quality measure based on a psychoacoustic sound representation." Journal of the Audio Engineering Society 40.

Beerends, J. G. and J. A. Stemerdink (1994). "A perceptual speech-quality measure based on a psychoacoustic sound representation." Journal of the Audio Engineering Society 42(3): 115-123.

Benesty, J. (2008). Springer handbook of speech processing, Springer Verlag.

Black, H. S. and J. Edson (1947). "Pulse code modulation." Transaction of the American Institute of Electrical Engineers 66(1): 895-899.

Bosi, M. (1999). Filter banks in perceptual audio coding. 17th AES Convention, Florence, Italy.

Bosi, M., K. Brandenburg, et al. (1997). "ISO/IEC MPEG-2 advanced audio coding." Journal of the Audio Engineering Society 45(10): 789-814.

Brandenburg, K., E. Eberlein, et al. (1992). Comparison of filterbanks for high quality audio coding. IEEE International Symposium on Circuits and Systems (ISCAS '92).

Bruning, J. L. and B. L. Kintz (1987). Computational handbook of statistics, Scott, Foresman & Co.

Busch, P., T. Heinonen, et al. (2007). "Heisenberg's uncertainty principle." Physics Reports 452(6): 155-176.

Campanella, S. and G. Robinson (1971). "A Comparison of Orthogonal Transformations for Digital Speech Processing." IEEE Transactions on Communication Technology. 19(6): 1045-1050.

Campbell, J. P., T. E. Tremain, et al. (1991). "The federal standard 1016 4800 bps CELP voice coder." Digital Signal Processing 1(3): 145-155.

Carroll, J. D. (1968). "A generalization of canonical correlation analysis to three or more sets of variables." Proceedings of the 76th annual Convention of the American Psychological Association: p 227-228.

CCITT (1992). "Rec. G.728: Coding of speech at 16 kbit/s using low-delay code excited linear prediction recommendation G.728."

Chan, K. M. K. and E. M. L. Yiu (2002). "The effect of anchors and training on the reliability of perceptual voice evaluation." Journal of Speech, Language, and Hearing Research 45(1): 111.

Chen, J., J. Benesty, et al. (2006). "New insights into the noise reduction Wiener filter." IEEE Transactions on Audio, Speech, and Language Processing 14(4): 1218-1234.

Chu, W. C. (2003). Speech coding algorithms, Wiley Online Library.

Clark, D. (1982). "High-resolution subjective testing using a double-blind comparator." J. Audio Eng. Soc 30(5): 330-338.

Combescure, P., A. Le Guyader, et al. (1982). Quality evaluation of 32 kbit/s coded speech by means of degradation category ratings. IEEE International Conference on Acoustics Speech and Signal Processing (ICASSP'82).

Côté, N., V. Gautier-Turbin, et al. (2008). Evaluation of Instrumental Quality Measures for Wideband-Transmitted Speech. 2008 ITG, Conference on Voice Communication, VDE.

Côté, N., V. Koehl, et al. (2010). Diagnostic instrumental speech quality assessment in a super-wideband context. PQS 2010, 3rd International Workshop on Perceptual Quality of Systems, Bautzen, Germany

De Leeuw, J. (1888). "Convergence of the majorization method for multidimensional scaling." Journal of Classification 5: 163-180.

Dudley, H. (1939). "Remaking speech." Journal of the Acoustical Society of America 11: 169.

Erne, M. (2001). "Perceptual Audio Coders" What to listen for"." Preprints-Audio Engineering Society.

Escofier, B. and J. Pagès (2008). Analyses factorielles simples et multiples, Objectifs, méthodes et interprétation, Dunod.

Etame, T. (2008). Conception de signaux d'ancrage pour l'évaluation subjective de la qualité des codeurs de la parole et du son, Université de Rennes 1.

Etame, T., R. Le Bouquin Jeannes, et al. (2010). "Towards a new reference impairment system in the subjective evaluation of speech codecs." IEEE Transactions on Audio, Speech, and Language Processing(99).

Etame, T. E. (2008). Thèse de doctorat : Conception de signaux de référence pour l'évaluation de la qualité perçue des codeurs de la parole et du son, Université de Rennes 1.

Falk, T., X. Qingfeng, et al. (2005). Non-Intrusive GMM-Based Speech Quality Measurement. IEEE International Conference on Acoustics, Speech and Signal Processing (ICASSP '05). .

Fant, G., Van Schooneveld, C. H; Jakobson, Roman (1960). Acoustic Theory of Speech Production, The Hague: Mouton.

Fletcher, H. (1940). "Auditory patterns." Reviews of Modern Physics 12(1): 47.

G. Young, A. S. H. (1938). "Discussion of a set of points in terms of their mutual distances." Psychometrika 3: 19-22.

Gabrielsson, A. and H. Sjögren (1979). "Perceived sound quality of sound - reproducing systems." Journal of the Acoustical Society of America 65: 1019.

Gelenbe, E. (1989). "Random neural networks with negative and positive signals and product form solution." Neural computation 1(4): 502-510.

Gower, J. C. (1966). "Some distance properties of latent root and vector methods used in multivariate analysis." Biometrika 53: 325-338.

Grancharov, V., D. Y. Zhao, et al. (2006). "Low-complexity, nonintrusive speech quality assessment." IEEE Transactions on Audio, Speech, and Language Processing 14(6): 1948-1956.

Gray, P., M. Hollier, et al. (2000). Non-intrusive speech-quality assessment using vocal-tract models, IET.

Griffin, D. W. and J. S. Lim (1988). "Multiband excitation vocoder." IEEE Transactions on Acoustics, Speech and Signal Processing 36(8): 1223-1235.

Guéguin, M., R. Le Bouquin Jeannes, et al. (2006). Towards an objective model of the conversational speech quality. IEEE International Conference on Acoustics, Speech and Signal Processing (ICASSP '06).

Guttman, L. (1968). "A general nonmetric technique for fitting the smallest coordinate space for a configuration of points." Psychometrika 33: 469-506.

Hall, J. L. (2001). "Application of multidimensional scaling to subjective evaluation of coded speech." Journal of the Acoustical Society of America 110(4): 2167-2182.

Hanzo, L., F. C. A. Somerville, et al. (2007). Voice and audio compression for wireless communications, Wiley Online Library.

Heiser, J. C. a. W. J. (1993). Mathematical Derivations in the Proximity Scaling (PROXSCAL) of Symmetric Data Matrices.

Heiser, W. J. (1985). A General MDS Initialization Procedure Using the SMACOF Algorithm-model with Constraints, University of Leiden.

Heiser, W. J. a. S., I. (1986). Explicit SMACOF algorithms for individual differences scaling. Leiden, The Netherlands.

Hermansky, H. (1990). "Perceptual linear predictive (PLP) analysis of speech." Journal of the Acoustical Society of America 87: 1738.

Herre, J. and B. Grill (2000). Overview of MPEG-4 audio and its applications in mobile communications. 5th International Conference on Signal Processing Proceeding (WCCC-ICSP 2000). .

Herre, J. a. M. D. (2008). "MPEG-4 high-efficiency AAC coding [Standards in a Nutshell]." IEEE Signal Processing Magazine 137-142.

Hiwasaki, Y., T. Mori, et al. (2004). "Scalable Speech Coding Technology for High-Quality Ubiquitous Communications." NTT Technical Review 2(3): 53-58.
Hotelling, H. (1936). "Relations between two sets of variants." Biometrika(28): 321-377.
House, A. S., C. E. Williams, et al. (1965). "Articulation - Testing Methods: Consonantal Differentiation with a Closed - Response Set." Journal of the Acoustical Society of America 37: 158.
ITU-R (1997). Rec. BS.1116-1: Methods for the subjective assessment of small impairments in audio systems including multichannel sound systems. Geneva.
ITU-R (2003). Rec. BS.1534: Method for the subjective assessment of intermediate quality level of coding systems. Geneva.
ITU-T (1988). Rec. G.711: Pulse code modulation (PCM) of voice frequencies Geneva.
ITU-T (1988). Rec. G.722: 7 kHz audio-coding within 64 kbit/s. Geneva.
ITU-T (1996a). Rec. P.800: Methods for subjective determination of transmission quality. Geneva.
ITU-T (1996b). Rec. P.810: Modulated noise reference unit (MNRU). Geneva.
ITU-T (1996c). Rec. G.729 : Coding of speech at 8 kbit/s using conjugate structure algebraic-code-excited linear-prediction (CS-ACELP). Mars. Geneva.
ITU-T (1996c). Rec. P.830: Telephone transmission quality. Methods for objective and subjective assessment of telephone-band and wideband digital codecs". Geneva.
ITU-T (1998). Rec. P.861: Objective quality measurement of telephorie-band (300 - 3400 Hz) speech codecs. Geneva.
ITU-T (2002). Rec. P.862: Perceptual evaluation of speech quality (PESQ): An objective method for end-to-end speech quality assessment of narrow-band telephone networks and speech codecs. Geneva.
ITU-T (2003a). Rec. G.107: The E-model, a computational model for use in transmission planning. Geneva.
ITU-T (2003b). P.862.1: Mapping function for transforming P.862 raw result scores to MOS-LQO Geneva.
ITU-T (2003c). Rec. G.114: One-way transmission time. Geneva.
ITU-T (2003d). Rec. G722.2: Wideband coding of speech at around 16 kbit/s using Adaptive Multi-Rate Wideband (AMR-WB). Geneva.
ITU-T (2004). Rec. P.563: Single-ended method for objective speech quality assessment in narrow-band telephony applications Geneva.
ITU-T (2005a). Rec. G.722.1: Low-complexity coding at 24 and 32 Kbit/s for hands-free operation in systems with low frame loss. Geneva.
ITU-T (2005b). STL 2005 : ITU-T Software Tool Library 2005 User's Manual.
ITU-T (2005c). Rec. G.729.1: G.729-based embedded variable bit-rate coder: An 8-32 kbit/s scalable wideband coder bitstream interoperable with G.729. Geneva.
ITU-T (2006). Rec. G.729: Coding of speech at 8 kbit/s using conjugate-structure algebraic-code-excited linear prediction (CS-ACELP). Geneva.
ITU-T (2007a). Rec. P.862.2: Wideband extension to Recommendation P.862 for the assessment of wideband telephone networks and speech codecs. Geneva.
ITU-T (2007b). Rec. P.805: Subjective evaluation of conversational quality. Geneva.
ITU-T (2011). Rec. P.863: Perceptual objective listening quality assessment. Geneva.
IUT-T (1990). Rec. G.726: 40, 32, 24, 16 kbit/s Adaptative Differential Pulse Code Modulation (ADPCM). Geneva.
Jain, A. K. (1989). Fundamentals of digital image processing, Prentice-Hall, Inc.
Järvinen, K., I. Bouazizi, et al. (2010). "Media coding for the next generation mobile system LTE." Computer Communications 33(16): 1916-1927.
Jasiuk, M. and T. Ramabadran (2006). An adaptive equalizer for analysis-by-synthesis speech coders. EUSIPCO, Florence, Italy.
Johnson, S. C. (1967). "Hierarchical clustering schemes." Psychometrika 32(3): 241-254.
Juric, P. (2001). "Non-intrusive speech quality measurement." Contribution UIT-T COM: 12-27.
Kim, D. S. (2005). "ANIQUE: An auditory model for single-ended speech quality estimation." IEEE Transactions on Speech and Audio Processing 13(5): 821-831.
Klatt, D. (1982). Prediction of perceived phonetic distance from critical-band spectra: A first step. IEEE International Conference on Acoustics, Speech, and Signal Processing (ICASSP '82).

Kroon, P., E. Deprettere, et al. (1986). "Regular-pulse excitation--A novel approach to effective and efficient multipulse coding of speech." IEEE Transactions on Acoustics, Speech and Signal Processing (ICASSP '86) 34(5): 1054-1063.

Kruskal, J. B. (1964a). "Nonmetric multidimensional scaling: a numerical method." Psychometrika 29: 115-129.

Kruskal, J. B. (1964b). "Multidimensional scaling by optimizing goodness of fit to a nonmetric hypothesis." Psychometrika 29(1): 1-27.

Law, H. and R. Seymour (1962). "A reference distortion system using modulated noise." Proceedings of the IEEE-Part B: Electronic and Communication Engineering 109(48): 484.

Leman, A. (2012). Thèse de doctorat : Diagnostic et évaluation automatique de la qualité vocale à partir d'indicateurs hybrides (Modèle DESQHI), Institut National des Sciences Appliquées de Lyon.

Li, Z., E. C. Tan, et al. (2000). "Proposal of standards for intelligibility tests of Chinese speech." IEEE Proceedings on Vision, Image and Signal Processing 147(3): 254-260.

Liang, J. and R. Kubichek (1994). Output-based objective speech quality, IEEE 44th Vehicular Technology Conference.

Lloyd, S. (1982). "Least squares quantization in PCM." IEEE Transactions on Information Theory 28(2): 129-137.

Lu, Y. and P. C. Loizou (2008). "A geometric approach to spectral subtraction." Speech Communication 50(6): 453-466.

Makhoul, J., S. Roucos, et al. (1985). "Vector quantization in speech coding." Procedings of the IEEE 73(11): 1551-1588.

Malvar, H. S. (1992). Signal processing with lapped transforms, Artech House.

Mattila, V.-V. (2002). "Descriptive analysis and ideal point modelling of speech quality in mobile communication." Journal of the Audio Engineering Society 113: 1-18.

Max, J. (1960). "Quantizing for minimum distortion." Information Theory, IRE Transactions on 6(1): 7-12.

McGee, V. E. (1965). "Determining Perceptual Spaces for the Quality of Filtered Speech." Journal of Speech and Hearing Research 8(1): 23.

McLachlan, G. J, and D. Peel (2000). Finite mixture models, Wiley-Interscience.

McLoughlin, I., Z. Ding, et al. (2002). "Intelligibility evaluation of GSM coder for Mandarin speech using CDRT." Speech communication 38(1): 161-165.

Nishiguchi, L., K. Iijima, et al. (1997). Harmonic vector excitation coding of speech at 2.0 kbps, IEEE Workshop on Speech Coding For Telecommunications.

Penrose, R. (1956). "On best approximate solution of linear matrix equations." Proceedings of the Cambridge Philosophical Society 52: 17–19.

Petersen, K. T., S. D. Hansen, et al. (1997). Speech quality assessment of compounded digital telecommunication systems; perceptual dimensions. IEEE International Conference on Acoustics, Speech and Signal Processing (ICASSP '97).

Plomp, R., L. Pols, et al. (1967). "Dimensional analysis of vowel spectra." Journal of the Acoustical Society of America 41: 707-712.

Princen, J. and A. Bradley (1986). "Analysis/Synthesis filter bank design based on time domain aliasing cancellation." IEEE Transactions on Acoustics, Speech and Signal Processing (ICASSP '86) 34(5): 1153-1161.

Raake, A. (2006). Speech Quality of VoIP: Assessment and Prediction, John Wiley & Sons.

Rabiner, L. R. and R. W. Schafer (1978). Digital processing of speech signals, Prentice-hall Englewood Cliffs, NJ.

Rix, A. and P. Gray (2001). "NiQA-Non-intrusive speech quality assessment." Contribution UIT-T COM.

Sakamoto, T., M. Taruki, et al. (1999). "A fast MPEG-audio layer III algorithm for a 32-bit MCU." IEEE Transactions on Consumer Electronics 45(3): 986-993.

Schroeder, M. and B. Atal (1985). Code-excited linear prediction (CELP): High-quality speech at very low bit rates. IEEE International Conference on Acoustics, Speech, and Signal Processing (ICASSP '85).

Schroeder, M. R., B. S. Atal, et al. (1979). "Optimizing digital speech coders by exploiting masking properties of the human ear." Journal of the Acoustical Society of America 66: 1647.

Sen, D. (2002). Determining the dimensions of speech quality from PCA and MDS analysis of the Diagnostic Acceptability Measure. Measurement of Speech and Audio Quality In Networks (MESAQIN) Workshop.

Soh, K. and S. Iai (1994). A subjective quality assessment method for audiovisual signals based on paired comparison with multiple reference signals. 5th IEEE COMSOC International Workshop on Multimedia Communications (MULTIMEDIA '94).

Späth, H. (1980). Cluster Analysis Algorithms for Data Reduction and Classification of Objects, New York: Halsted Press.

Stevens, S. S. (1936). "A scale for the measurement of a psychological magnitude: loudness." Psychological Review 43(5): 405.

Stevens, S. S. (1959). "Measurement, psychophysics, and utility." Measurement: Definitions and theories: 18-63.

Stewart, D., Love, W. (1968). "A general canonical correlation index." Psychological Bulletin 70: 160-163.

Takane, J., Young, F., de Leeuw, J. (1976). "Non-metric individual differences multidimensional scaling: an alternating least squares method with optimal scaling features." Psychometrika 42: 7-67.

Torgerson, W. S. (1952). "Multidimensional scaling: I. Theory and method." Psychometrika 17(4): 401-419.

Torgerson, W. S. (1958). Theory and Methods of Scaling. New York, John Wiley & Sons.

Tribolet, J., P. Noll, et al. (1978). A study of complexity and quality of speech waveform coders. IEEE International Conference on Acoustics, Speech, and Signal Processing (ICASSP '78).

Vernon, S. (1995). "Design and implementation of AC-3 coders." IEEE Transactions on Consumer Electronics 41(3): 754-759.

Voiers, W. (1977). Diagnostic acceptability measure for speech communication systems, IEEE International Conference on Acoustics, Speech and Signal Processing (ICASSP '77).

Voiers, W. (1983). "Evaluating processed speech using the diagnostic rhyme test." Speech Technology 1(4): 30-39.

Wältermann, M., A. Raake, et al. (2006). Underlying Quality Dimensions of Modern Telephone Connections. Interspeech, Pittsburgh, Pennsylvania.

Wältermann, M., I. Tucker, et al. (2010). Extension of the E-model towards super-wideband speech transmission. IEEE International Conference on Acoustics Speech and Signal Processing (ICASSP '10)

Wang, S., A. Sekey, et al. (1992). "An objective measure for predicting subjective quality of speech coders." IEEE Journal on Selected Areas in Communications 10(5): 819-829.

Wang, Y., L. Yaroslavsky, et al. (2000). On the relationship between MDCT, SDPT and DFT. 5th IEEE International Conference onSignal Processing Proceedings (WCCC-ICSP 2000)

Webb, A. (1999). Statistical Pattern Recognition, Oxford: Oxford University Press.

Welch, P. (1967). "The use of fast Fourier transform for the estimation of power spectra: a method based on time averaging over short, modified periodograms." IEEE Transactions on Audio and Electroacoustics 15(2): 70-73.

Williams, W. T. and J. M. Lambert (1959). "Multivariate methods in plant ecology." The Journal of Ecology: 83-101.

Wonho, Y., M. Dixon, et al. (1997). A modified bark spectral distortion measure which uses noise masking threshold. IEEE Workshop on Speech Coding For Telecommunications Proceeding, 1997

Xie, M., D. Lindbergh, et al. (2006). ITU-T G. 722.1 Annex C: A new low-complexity 14 kHz audio coding standard. IEEE International Conference on Acoustics, Speech and Signal Processing (ICASSP '06).

Young, F. W., Y. Takane, et al. (1978). "ALSCAL: A nonmetric multidimensional scaling program with several individual-differences options." Behavior Research Methods 10(3): 451-453.

Youzhi, X. (1991). Implementation of Berlekamp-Massey algorithm without inversion. IEEE Transaction on Communications, Speech and Vision, IET.

Zango, Y., Le Bouquin Jeannès R., et al. (2011a). Anchor Signals Validation for Two Dimensions of a Four-Dimensional Perceptive Space. 130th AES convention London, England.

Zango, Y., Le Bouquin Jeannès R., et al. (2011b). Identification of perceptive dimensions of speech and audio codecs subjective quality. EUSIPCO Barcelona, Spain.

Zango, Y., Le Bouquin Jeannès R., et al. (2011c). Classification de codecs de la parole et du son sur des critères perceptuels. GRETSI, Bordeaux, France.

Zango, Y., Le Bouquin Jeannès R., et al. (2012). Modeling speech and audio codecs reverberation artifact. EUSIPCO, Bucharest, Romania.

Zelinski, R. and P. Noll (1977). "Adaptive transform coding of speech signals." IEEE Transactions on Acoustics, Speech and Signal Processing (ICASSP '77) 25(4): 299-309.

i want morebooks!

Buy your books fast and straightforward online - at one of the world's fastest growing online book stores! Environmentally sound due to Print-on-Demand technologies.

Buy your books online at

www.get-morebooks.com

Achetez vos livres en ligne, vite et bien, sur l'une des librairies en ligne les plus performantes au monde!
En protégeant nos ressources et notre environnement grâce à l'impression à la demande.

La librairie en ligne pour acheter plus vite
www.morebooks.fr

OmniScriptum Marketing DEU GmbH
Heinrich-Böcking-Str. 6-8
D - 66121 Saarbrücken
Telefax: +49 681 93 81 567-9

info@omniscriptum.de
www.omniscriptum.de

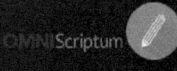

Printed by Books on Demand GmbH, Norderstedt / Germany